Sitzungsberichte der Heidelberger Akademie der Wissenschaften

Mathematisch-naturwissenschaftliche Klasse

Die Jahrgänge bis 1921 einschließlich erschienen im Verlag von Carl Winter, Universitäts-buchhandlung in Heidelberg, die Jahrgänge 1922—1933 im Verlag Walter de Gruyter & Co. in Berlin, die Jahrgänge 1934—1944 bei der Weiß'schen Universitätsbuchhandlung in Heidelberg. 1945, 1946 und 1947 sind keine Sitzungsberichte erschienen.

Jahrgang 1941.

1. Beiträge zur Petrographie des Odenwaldes. I. O. H. ERDMANNSDÖRFFER. Schollen und Mischgesteine im Schriesheimer Granit. DM 1.—.
2. M. STECK. Unbekannte Briefe Frege's über die Grundlagen der Geometrie und Ant-wortbrief Hilbert's an Frege. DM 1.—.
3. Studien im Gneisgebirge des Schwarzwaldes. XII. W. KLEBER. Über das Amphi-bolitvorkommen vom Bannstein bei Haslach im Kinzigtal. DM 1.60.
4. W. SOERGEL. Der Klimacharakter der als nordisch geltenden Säugetiere des Eis-zeitalters. DM 1.40.

Jahrgang 1942.

1. E. GOTSCHLICH. Hygiene in der modernen Türkei. DM 0.60.
2. Studien im Gneisgebirge des Schwarzwaldes. XIII. O. H. ERDMANNSDÖRFFER. Über Granitstrukturen. DM 1.60.
3. J. D. ACHELIS. Die Überwindung der Alchemie in der paracelsischen Medizin. DM 1.40.
4. A. BENNINGHOFF. Die biologische Feldtheorie. DM 1.—.

Jahrgang 1943.

1. A. BECKER. Zur Bewertung inkonstanter α-Strahlenquellen. DM 1.—.
2. W. BLASCHKE. Nicht-Euklidische Mechanik. DM 0.80.

Jahrgang 1944.

1. C. OEHME. Über Altern und Tod. DM 1.—.

1945, 1946 und 1947 sind keine Sitzungsberichte erschienen.

Ab Jahrgang 1948 erscheinen die „Sitzungsberichte" im Springer-Verlag.

Inhalt des Jahrgangs 1948:

1. P. CHRISTIAN und R. HAAS. Über ein Farbenphänomen. DM 1.50.
2. W. BLASCHKE. Zur Bewegungsgeometrie auf der Kugel. DM 1.—.
3. P. UHLENHUTH. Entwicklung und Ergebnisse der Chemotherapie. DM 2.—.
4. P. CHRISTIAN. Die Willkürbewegung im Umgang mit beweglichen Mechanismen. DM 1.50.
5. W. BOTHE. Der Streufehler bei der Ausmessung von Nebelkammerbahnen im Magnetfeld. DM 1.—.
6. W. TROLL. Urbild und Ursache in der Biologie. DM 1.50.
7. H. WENDT. Die JANSEN-RAYLEIGHsche Näherung zur Berechnung von Unterschall-strömungen. DM 2.40.
8. K. H. SCHUBERT. Über die Entwicklung zulässiger Funktionen nach den Eigen-funktionen bei definiten, selbstadjungierten Eigenwertaufgaben. DM 1.80.
9. W. SCHAAFF. Biegung mit Erhaltung konjugierter Systeme. DM 1.80.
10. A. SEYBOLD und H. MEHNER. Über den Gehalt von Vitamin C in Pflanzen. DM 9.60.

Sitzungsberichte
der Heidelberger Akademie der Wissenschaften

Mathematisch-naturwissenschaftliche Klasse

Jahrgang 1959, 5. Abhandlung

Vorträge und Diskussionen beim Kolloquium über Bildwandler und Bildspeicherröhren

in Heidelberg am 28. und 29. April 1958

Mit 31 Textabbildungen

Herausgegeben von

H. Siedentopf

1959

Springer-Verlag Berlin Heidelberg GmbH

ISBN 978-3-540-02470-5   ISBN 978-3-662-26774-5 (eBook)
DOI 10.1007/978-3-662-26774-5

Vorträge und Diskussionen beim Kolloquium über Bildwandler und Bildspeicherröhren

in Heidelberg am 28. und 29. April 1958

Mit 31 Textabbildungen

Herausgegeben von

H. Siedentopf

Inhaltsübersicht

H. Siedentopf (Tübingen): Die Anforderungen an Bildspeicherverfahren in der astronomischen Meßtechnik. (Mit 4 Textabbildungen.)

Bei den Intensitätsmessungen kosmischer Objekte in engen oder weiteren Spektralbereichen trifft man auf eine Reihe von Schwierigkeiten, die für die astronomische Meßtechnik charakteristisch sind.

1. Lichtschwäche der Objekte. Zunächst sind die Himmelskörper, mit denen wir es im Milchstraßensystem und erst recht bei außergalaktischen Objekten zu tun haben, sehr lichtschwach. Die Tabelle 1 gibt die ungefähren Anzahlen der Lichtquanten pro

Tabelle 1. *Zahl der Lichtquanten pro Flächen- und Zeiteinheit extraterrestrisch und am Strahlungsempfänger*

Visuelle Größenklasse	Außerterrestrisch	Am Strahlungsempfänger
2^m	$10^6\ h\nu/\mathrm{cm}^2$ sec	etwa $2 \cdot 10^5\ h\nu/\mathrm{cm}^2$sec
7	10^4	$2 \cdot 10^3$
12	10^2	20
17	1	0,2
22	10^{-2}	$0,2 \cdot 10^{-2}$

Flächeneinheit, die ein Objekt bestimmter Größenklasse am Außenrande der Erdatmosphäre im Gesamtspektrum liefert sowie die Zahl der Lichtquanten, die nach Durchgang durch die Atmosphäre und die Instrumentenoptik am Ort eines Strahlungsempfängers mit etwa 1000 Å Halbwertsbreite der spektralen Empfindlichkeit erfahrungsgemäß zur Verfügung stehen. Als Beziehung zu lichttechnischen Einheiten sei vermerkt, daß ein Stern der visuellen Größenklasse 12 außerterrestrisch eine Beleuchtungsstärke von $0,4 \cdot 10^{-10}$ Lux liefert. Bei Verwendung eines 1 m-Spiegels als Strahlungssammler ergeben sich die Werte der Tabelle 2 für die Zahl der verfügbaren Lichtquanten pro Zeiteinheit. Was nun noch fehlt, muß durch zeitliche Akkumulation, d.h. durch die Beobachtungsdauer gewonnen werden. Eine photometrische Genauigkeit von 1 % z. B. verlangt bei 10 % Quantenausbeute 10^5 Lichtquanten, d.h. bei einem Stern 17^m rund 60^{sec} Beobachtungsdauer am 1 m-Spiegel.

2. Rauschmodulation durch die Erdatmosphäre. Beim Durchgang durch die Erdatmosphäre werden der Strahlung der

Himmelskörper von der turbulenten Schlierenstruktur der Luft Intensitäts- und Richtungsschwankungen aufgeprägt. Die mittlere Amplitude der Intensitätsschwankungen, die vorwiegend durch die Schlieren in den höheren Atmosphärenschichten hervorgerufen

Tabelle 2. *Zahl der pro Zeiteinheit verfügbaren Lichtquanten bei einem 1 m-Spiegel*

Visuelle Größenklasse	$h\nu$/sec
7^m	$1,5 \cdot 10^7$
12^m	$1,5 \cdot 10^5$
17^m	$1,5 \cdot 10^3$
22^m	15

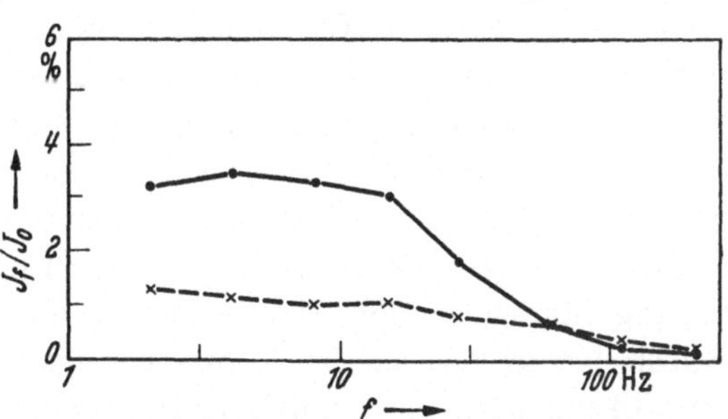

Abb. 1. Frequenzspektrum der Intensitätsszintillation eines zenitnahen ------ und eines horizontnahen ($z = 70°$) ——— Sternes nach Beobachtungen am 30 cm-Refraktor in Tübingen. J_f/J_0 mittlere relative Amplitude der Schwankungen bei der Frequenz f

werden, beträgt bei einem zenitnahen Stern und einem Instrument kleiner Öffnung (etwa 10 cm Durchmesser) rund $\pm 15\,\%$ der mittleren Intensität oder $\pm 0,15$ Größenklassen. Die auftretenden Frequenzen liegen hauptsächlich im Bereich 0,5 bis 50 Hz. Durch eine hinreichend große Instrumentenöffnung und genügend lange Mittelungszeiten können diese Schwankungen auf ein photometrisch tragbares Maß herabgedrückt werden. Bei einem 1 m-Spiegel und Mittelungszeiten von 60^{sec} ist eine Photometriergenauigkeit von $\pm 0,3\,\%$ oder $\pm 0^{m}\!.003$ erreichbar. Der Einfluß

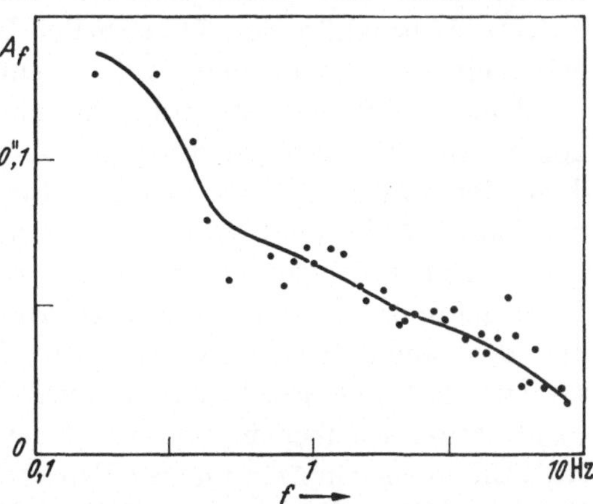

Abb. 2. Frequenzspektrum der Richtungsszintillation für zenitnahe Sterne nach Beobachtungen an dem auf 15 cm ⌀ abgeblendeten Refraktor in Tübingen. A_f mittlere Amplitude in Bogensekunden bei der Frequenz f

der Rauschmodulation der Sternstrahlung durch die Atmosphäre läßt sich also durch Steigerung der Instrumentenöffnung und der Integrationszeit weitgehend verringern. Bei der Richtungsszintillation ist dies nicht der Fall. Die Richtungsschwankungen des Sternlichts, die von den Schlieren der bodennahen Luftschichten bewirkt werden und starke zeitliche und örtliche Unterschiede aufweisen, liegen in der Größenordnung $\pm 0{,}5$ Bogensekunden. Im Spektrum der Richtungsszintillation steigen die Amplituden von etwa 15 Hz bis 0,2 Hz stetig an, höhere Frequenzen sind nicht nachweisbar. Das Bild eines Sternes wird bei genügender Mittelungszeit zu einem Zerstreuungsscheibchen von etwa 1 □″ Fläche auseinandergezogen. Bei schlechten Luftverhältnissen kann diese Fläche beträchtlich größer sein, aber auch unter den günstigsten Bedingungen ist sie nicht kleiner als 0,3 □″. Die Intensitätsverteilung innerhalb der Fläche entspricht etwa einer Gauß-Kurve. Durch Vergrößerung der Beobachtungsdauer oder der Instrumentenöffnung wird das Szintillationsscheibchen nicht beeinflußt. Die Richtungsszintillation bedingt daher das bei astronomischen Beobachtungen von der Erdoberfläche aus erreichbare Auflösungsvermögen.

3. Nachthimmelshelligkeit. Zur Untergrundshelligkeit des Nachthimmels tragen das Eigenleuchten der Hochatmosphäre, das Zodiakallicht, das Licht der schwachen Sterne und Nebel sowie das Streulicht der Sterne und der genannten Lichtquellen in der unteren Atmosphäre bei. Im visuellen Bereich beträgt die Flächenhelligkeit des Nachthimmels im Zenit etwa 400 Sterne 10ter Größenklasse pro Quadratgrad, im photographischen Bereich rund 200 Sterne 10^m pro Quadratgrad. Vom Zenit bis etwa 5° über dem Horizont steigt die Leuchtdichte im visuellen Bereich um den Faktor 2, im photographischen Bereich um den Faktor 1,5 an. Diese Flächenhelligkeiten schwanken wegen der Abhängigkeit des Luftleuchtens von der Sonnenaktivität um $\pm 50\%$, sie sind zur Zeit des Sonnenfleckenmaximums im Mittel etwa $1\tfrac{1}{2}$mal größer als zur Zeit des Fleckenminimums. Der mittleren Fläche des Szintillationsscheibchens von 1 □″ entspricht eine Helligkeit des Nachthimmels von $21^m\!\!.3$ im visuellen und $22^m\!\!.0$ im photographischen Bereich. Wesentlich lichtschwächere Sterne lassen sich daher auf dem Nachthimmelsuntergrund nur mit größter Schwierigkeit nachweisen (vgl. Abb. 3). Das gilt sowohl für photographische wie für photoelektrische Verfahren. Bei der Multiplier-Photometrie von Sternen z. B. bringt man das Bild des Sternes in eine Blende und erhält die Sternhelligkeit aus der Differenz der Ausschläge für Stern plus Untergrund und für Untergrund allein, wenn der Stern aus der Blende gerückt wird. Die Blendenöffnung muß größer sein als die maximale Auslenkung durch die Richtungsszintillation; bei

einem Blendendurchmesser von 6″ (d.h. 0,3 mm bei 10 m Brennweite) entspricht die Untergrundshelligkeit einem Stern $17^m\!.7$ im visuellen bzw. $18^m\!.4$ im photographischen Bereich. Der Einfluß der Untergrundhelligkeit bei allen photometrischen Beobachtungen schwacher Objekte ist also sehr bedeutend.

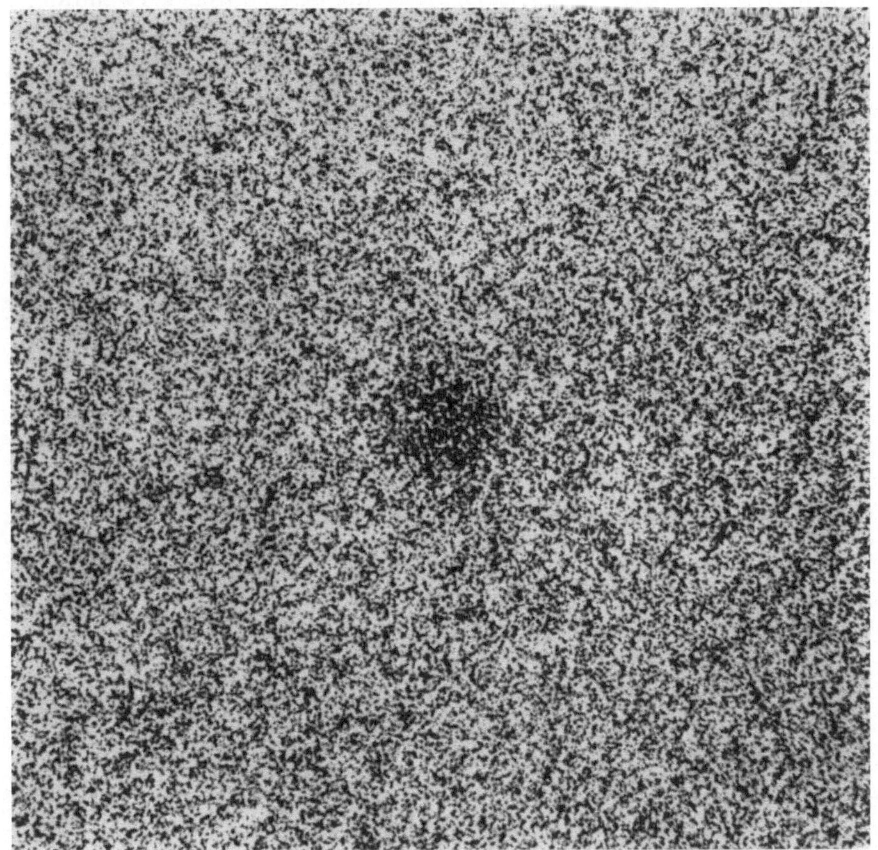

Abb. 3. Vergrößerung (etwa 100fach) des Bildes eines Sternes der Größenklasse $20^m\!.5$ auf einer Kodak 103a-0 Platte bei 5^{min} Belichtungszeit mit dem 5 m-Spiegel des Mt. Palomar-Observatory

4. Anzahlen der kosmischen Objekte. Eine besondere Erschwerung bei astronomischen Beobachtungen ist die außerordentlich große Anzahl der Objekte, mit denen wir es zu tun haben. Bisher war außer bei den Durchmusterungen der helleren Objekte, für welche die Positionen, Eigenbewegungen, Helligkeiten und Spektren jeweils für etwa $3 \cdot 10^5$ Objekte gemessen sind, das

Forschungsprinzip bestimmt durch ziemlich kleine Stichprobenerhebungen und durch Einzeluntersuchungen besonders interessierender oder auffälliger Objekte. Eine wichtige Zukunftsaufgabe der astronomischen Forschung besteht daher in der Erfassung aller Objekte bis zur erreichbaren Grenzgröße in bestimmten Himmelsarealen; unter Verwendung moderner Organisationsmittel, elektronischer Meß-, Zähl- und Rechenanlagen sollte die Bewältigung von Stückzahlen in der Größenordnung 10^8 durchaus möglich sein.

Tabelle 3. *Ungefähre Gesamtzahl der Sterne und der außergalaktischen Sternsysteme bis zu bestimmten Grenzhelligkeiten* m_{vis}

m_{vis}	Sterne im Milchstraßensystem	Außergalaktische Sternsysteme
6,0	3400	
8,0	$4 \cdot 10^4$	
10,0	$3,3 \cdot 10^5$	
12,0	$2,3 \cdot 10^6$	
14,0	$1,4 \cdot 10^7$	$2 \cdot 10^4$
16,0	$8 \cdot 10^7$	$2 \cdot 10^5$
18,0	$3,6 \cdot 10^8$	$2 \cdot 10^6$
20,0	$1,1 \cdot 10^9$	$2 \cdot 10^7$
22,0	$\sim 3 \cdot 10^9$	$\sim 2 \cdot 10^8$

Die mittlere Zahl der Sterne pro Flächeneinheit an der Sphäre ist in Tabelle 4 für verschiedene galaktische Breiten wiedergegeben.

Da ein Quadratgrad $1,3 \cdot 10^6$ Quadratbogensekunden umfaßt, tritt außer in den reichsten Milchstraßenfeldern keine wesentliche Überlagerung von Sternbildern ein, wenn die Fläche eines Sternbildes $1 \square''$ nicht überschreitet. Die Zahl der außergalaktischen Sternsysteme pro Flächeneinheit wird etwa bei der 21. Größenklasse in der Umgebung der galaktischen Pole gleich der Zahl der Sterne.

Tabelle 4. *Mittlere Zahl der Sterne pro Quadratgrad bis zur Grenzhelligkeit* m_{phot} *für verschiedene galaktische Breiten*

m_{phot}	0°	20°	50°	90°
10	9,3	4,5	2,5	1,9
12	76	32	16	11
14	530	190	76	51
16	2 500	1 000	300	170
18	16 000	4 300	980	530
20	50 000	16 000	2500	1300
22	160 000	50 000	6000	2500

Um keinen zusätzlichen Verlust an Auflösungsvermögen zu haben, ist es erforderlich, die Brennweite und die Strahlenvereinigung des als Strahlungssammler dienenden optischen Systems so abzustimmen, daß am Ort des Strahlungsempfängers der Durchmesser des Zerstreuungsscheibchens im wesentlichen durch die Amplitude der Richtungsszintillation bestimmt wird. Bei einer kleinsten durch den Strahlungsempfänger auflösbaren Distanz d in der Fokalebene erfordert das eine Brennweite $f \gtrsim 2 \cdot 10^5 \, d/\alpha$, wenn α der Durchmesser des Szintillationsscheibchens in Bogensekunden ist. Bei $d = 5 \cdot 10^{-3}$ cm und $\alpha = 1''$ ist also eine Brennweite von 10 m nötig.

5. Meßaufgaben und ihre Lösung durch photographische und lichtelektrische Beobachtungsmethoden. Die Aufgabe der astronomischen Beobachtungstechnik besteht darin, die mit der Strahlung aus dem Kosmos kommende Information in einen Informationsspeicher zu bringen, aus dem sie dann zu einem späteren Zeitpunkt wieder abgelesen werden kann. Der Informationsspeicher kann ganz verschiedener Art sein: es kann sich um das Beobachtungsbuch handeln, in dem der Beobachter Zeiten und Zeigerausschläge einträgt, um Registrierkurven eines Schreibers, um Lochkarten, in die man die Ergebnisse von Lichtquantenzählungen stanzen läßt, um photographische Schichten und um die Speicherplatte einer Fernsehaufnahmeröhre.

Wir beschränken uns in diesem Kolloquium auf die Fragen, die bei der Übertragung der kosmischen Informationen in den Informationsspeicher am Beobachtungsinstrument auftreten. Die Probleme, die beim Ablesen des Informationsspeichers und bei der weiteren Informationsverarbeitung im Laboratorium oder Auswerteraum auftreten, sollen uns hier nicht beschäftigen, obwohl sich auch dabei sehr interessante Anwendungsgebiete der modernen Elektronik ergeben.

Beim Informationsempfang lassen sich drei verschiedene Aufgaben unterscheiden: 1. die Messung von nahezu punktförmigen Helligkeiten bei der Photometrie von Einzelsternen, z.B. bei der Gewinnung von Helligkeitsskalen oder der Beobachtung veränderlicher Sterne; 2. die Messung eindimensionaler Helligkeitsverteilungen bei der Spektrum-Photometrie; 3. die Messung von zweidimensionalen Helligkeitsverteilungen bei flächenhaften kosmischen Objekten, z.B. Nebeln, Planetenoberflächen, Sonnenoberfläche.

Die folgende Tabelle 5 gibt einen Vergleich zwischen photographischer und lichtelektrischer Beobachtung, wobei von den Werten für die besten zur Zeit verfügbaren Emulsionen und Multiplier ausgegangen wurde.

Das Ziel der Bildspeicherverfahren muß es nun sein, die Quantenausbeute und die Photometriergenauigkeit, die den Hauptvorteil der lichtelektrischen Methode ausmachen, beizubehalten und gleichzeitig die Hauptvorteile der photographischen Methode zu erreichen, nämlich die Möglichkeit der Wiedergabe von Helligkeitsverteilungen. Bei den Speicher- oder Bildwandler-Verfahren würde

sich besonders die Ausnutzbarkeit von Instrumenten mittlerer
Größe bessern, es ließen sich für diese Instrumente Aufgaben-
bereiche erschließen, die bisher nur sehr großen Teleskopen zugänglich waren. Dadurch würden diese für andere Aufgaben frei
werden.

Ein Gewinn in der Quantenausbeute um einen Faktor 10
gegenüber der Photographie bedeutet dasselbe wie der Übergang
von einem 1 m-Spiegel zu einem 3 m-Spiegel. Wenn man bedenkt,
daß ein 1 m-Spiegel etwa 0,5 Millionen Mark kostet und ein 3 m-
Spiegel etwa 15 Millionen Mark (die Kosten steigen ungefähr mit
der 3. Potenz der Öffnung) so sieht man die Bedeutung aller An-
strengungen um eine Steigerung der Quantenausbeute, und man
erkennt auch die Größenordnung der finanziellen Aufwendungen.
die zur Erreichung dieses Ziels gerechtfertigt sind. Ein 1 m-Spiegel
hat gegenüber einem 3 m-Spiegel auch beträchtliche Vorteile in der
Aufstellung und der Handhabung, denn mit einem kleineren Instrument läßt sich leichter und schneller arbeiten als mit einem sehr
großen Instrument. Diese Erörterungen führen zu der Fragestellung, was eigentlich eine astronomische Beobachtung kostet.
Wir können die Frage noch präziser stellen: was kostet ein bit[1]
astronomischer Information unter verschiedenen Bedingungen?

Beziehe ich eine Information aus einem Buch, so ist sie sehr
billig. Auf einer Buchseite haben wir etwa 40 Zeilen mit je 100
Buchstaben oder Zeichen, also rund 4000 Symbole. Bei 32 verschiedenen Symbolen bedeutet das nach den Definitionen der In-
formationstheorie 4000mal den dualen Logarithmus von 32, also
$4000 \times 5 = 20000$ bit Information auf einer Seite. Berücksichtigen
wir noch die sprachliche Redundanz, d.h. den Umstand, daß die
auf der Druckseite enthaltene Information bereits von etwa der
Hälfte der gedruckten Buchstaben vermittelt werden kann (von
der Autoren-Redundanz sei abgesehen), so kommen wir zu etwa
10^4 bit Information pro Buchseite. Da eine Buchseite eines Lehrbuchs etwa 10 Pfennig kostet, muß ich für ein bit Information
10^{-3} Pfennig aufwenden.

Unsere Frage nach den Kosten astronomischer Information,
die durch Beobachtung gewonnen wird, läßt sich in zwei Teile zer-

---

[1] Die Informationseinheit 1 bit bedeutet die durch die Entscheidung
über einen entweder-oder Fall mit je 50% apriori-Wahrscheinlichkeit ge-
wonnene Information.

Tabelle 5. *Vergleich der photographischen und der lichtelektrischen Beobachtungsverfahren*

	Multiplier-Photometrie	Photographische Schicht
Quanten-ausbeute	10 % — 20 %	etwa 1 % bei $^1/_{10}$ bis $^1/_{100}$ sec, 1 bis $2^0/_{00}$ bei 10^4 sec Belichtungszeit
Empfindlich-keit bei 4300 Å	etwa $10^6 h\nu$ für die maximal erreichbare Photometriergenauigkeit	etwa $5 \cdot 10^{10} h\nu/cm^2$ für Erreichung einer Schwärzung $S = 1$ oder $2 \cdot 10^8$ Körner/cm², $4 \cdot 10^5 h\nu$ für ein überschwelliges Sternbild
Verstärkungs-faktor	10^6 bis 10^7	etwa 10^9
Speicherzeit	10^2 bis 10^3 sec	bis etwa 10^5 sec
Rauschen	$\pm\sqrt{n_e}$	Zahl der unterscheidbaren Schwärzungsstufen $$\approx \frac{\sqrt{\text{Meßfläche}}}{\text{mittlerer Korndurchmesser}\,d}$$ relat. Transparenzschwankung $$\sigma\left(\frac{\Delta T}{T}\right) = \pm 1{,}6\,\frac{d}{D}\,\sqrt{\log T}$$ D Meßfelddurchmesser
Auflösungs-vermögen	Diaphragma-Durchmesser $> 1''$. $10\,\square''$ entsprechen einer Nachthimmelshelligkeit von etwa 19^m	etwa 10 % Amplitudenverlust bei $100\,\mu$-Detail, etwa 50 % Ampl. verl. bei $35\,\mu$-Detail, nichtlineare Verzerrungen wegen der Form der Schwärzungskurve
Schleier	1000 e/cm² sec Dunkelstrom bei einer Cs-Sb-Kathode ungekühlt	etwa $3 \cdot 10^7$ Körner pro cm²; chemischer Schleier $S = 0{,}15$ bis 0,2
Erreichbare Photometriergenauigkeit für eine Sternbeobachtung	$\pm 0^m\!.003$	$\pm 0^m\!.04$
Anwendungsmöglichkeit	Punktphotometrie, Gesamthelligkeit des Objekts im Diaphragma	Punktphotometrie, ein- und zweidimensionale Intensitätsverteilungen

legen: 1. Was kostet eine Stunde Beobachtungszeit? 2. Wieviel bit Information lassen sich in einer Stunde bei verschiedenen Beobachtungsverfahren gewinnen?

Zu den Kosten einer Beobachtungsstunde tragen bei die auf eine Anzahl von Jahren zu verteilenden Anlagekosten für Instrument und Observatorium und die laufenden Personal- und Betriebskosten. Die Anlagekosten für ein astronomisches Instrument steigen erfahrungsgemäß etwa mit der dritten Potenz des Durchmessers der Optik, die Betriebskosten wachsen dagegen nur etwa proportional zum Durchmesser.

Wir betrachten zwei Fälle, ein Instrument in Mitteleuropa, wo man mit etwa 400 Beobachtungsstunden im Jahr zu rechnen hat, und ein Instrument in Südafrika mit rund 2000 Beobachtungsstunden im Jahr. Für den ersten Fall benutzen wir als Formel für die Kosten K_E einer Beobachtungsstunde in DM

$$K_E = \frac{0{,}5 \cdot 10^5 \, (d^3 + 1{,}5d)}{400} \, ,$$

Tabelle 6. *Kosten einer Beobachtungsstunde in Abhängigkeit vom Durchmesser der Optik in Mitteleuropa und Südafrika*

d	K_E	K_A
50 cm	110 DM	53 DM
100	300	100
200	1450	325
300	3940	850

wobei d den Durchmesser in Metern bedeutet und eine 5 %ige Amortisation der Anlagekosten angenommen ist. Im zweiten Fall (Afrika) ist zu berücksichtigen, daß höhere Betriebskosten, sowie Reise- und Transportkosten auftreten. Hier benutzen wir die Abschätzung

$$K_A = \frac{0{,}5 \cdot 10^5 \, (d^3 + 2d + 1)}{2000} \, .$$

Die beiden Formeln dürften die Verhältnisse mit einer Genauigkeit von etwa $\pm 30\%$ wiedergeben. Die Tabelle 6 gibt die Kosten der Beobachtungsstunde für verschiedene Durchmesser.

Wie die Tabelle 6 zeigt, macht sich die durch die höhere Zahl der Beobachtungsstunden erreichte Ersparnis besonders bei großen Instrumenten bemerkbar, bei denen die Anlagekosten stärker ins Gewicht fallen als die Betriebskosten.

Der zweite Teil unserer Überlegung hat sich mit der Frage zu befassen, wieviel bit Information sich pro Stunde bei verschiedenartigen Beobachtungsaufgaben erreichen lassen. Diese Zahl wird von der Helligkeit der zu untersuchenden Objekte, von der Fragestellung und der benutzten Meßmethode abhängen.

Wir betrachten zunächst die Photometrie von Einzelsternen mit einem Multiplier-Photometer, wobei wir eine Meßgenauigkeit von $\pm 0^{m}\!.005$ fordern. Bei einem 1 m-Spiegel liefert ein Stern der Größenklasse 15 in 60^{sec} Beobachtungszeit bei 12 % Quantenausbeute $4 \cdot 10^{4}$ Photoelektronen und damit eine statistische Schwankung von $\pm 0,5$ %. Wegen der Wirkung der Szintillation läßt sich die Beobachtungsdauer auch bei helleren Sternen nicht wesentlich abkürzen. Ein Vordringen zu schwächeren Sternen erfordert eine Verlängerung der Beobachtungsdauer, die aber kaum um mehr als einen Faktor 2 bis 3 möglich ist und daher nur noch einen Gewinn von einer Größenklasse ermöglicht. Verlängerung der Beobachtungsdauer bedeutet weniger Information in der Zeiteinheit, also Verteuerung der Beobachtung. Die Grenze für den 1 m-Spiegel liegt ungefähr bei der Größenklasse $16^{m}\!.0$.

Nun gibt eine einzelne Beobachtung noch keine Auskunft über die Sternhelligkeit, denn einmal muß jeweils die Untergrundshelligkeit des Nachthimmels mitgemessen und von der beobachteten Helligkeit Stern plus Untergrund subtrahiert werden, und andererseits werden ausschließlich Größenklassendifferenzen zwischen zwei Sternen a und b gemessen. Dazu bedient man sich gewöhnlich eines symmetrischen Meßsatzes $abba$, so daß insgesamt acht Einzelbeobachtungen erforderlich sind. Die Feststellung einer Größenklassendifferenz dauert daher mindestens 10 min, und diese 10 min Beobachtungszeit an einem 1 m-Spiegel kosten nach Tabelle 2 für mitteleuropäische Bedingungen 50 DM. Die Zahl der bei einer photoelektrischen Helligkeitsmessung gewonnenen Informationseinheiten beträgt bei einem Helligkeitsintervall von sechs Größenklassen und einem Meßfehler von $\pm 0^{m}\!.0035$ beim symmetrischen Satz entsprechend den rund 850 unterscheidbaren Helligkeitsstufen knapp 10 bits. Ein bit Information kommt also auf rund 5 DM zu stehen. In der Abb. 4 sind die Kosten pro bit in Abhängigkeit von der Größenklasse für Instrumente von 50 cm, 1 m und 2 m Öffnung eingetragen. Der in den Kurven eingezeichnete Kreis gibt die Helligkeit an, bei der in 60^{sec} Beobachtungsdauer $4 \cdot 10^{4}$ Photoelektronen ausgelöst werden. Man erkennt, daß es zweckmäßig ist, soweit als möglich mit kleinen Instrumenten zu photometrieren. Mit einem Instrument von 50 cm Öffnung wird man also von der 8. bis zur 14. Größenklasse photometrieren und erst bei schwächeren Objekten zu einem wesentlich kostspieligeren Instrument größerer Öffnung übergehen. Der 1 m-Spiegel empfiehlt sich für die 14. bis 16., der 2 m-Spiegel für die 16. bis 18. Größenklasse.

Es ist in diesem Zusammenhang noch von Interesse, die Kosten für die Ermittlung der Lichtkurve eines Veränderlichen zu erwähnen. Bei 60 einzelnen Beobachtungspunkten mit einer Genauigkeit von $\pm 0^{m}\!.0035$ auf der Lichtkurve kommen wir für einen Stern heller als $13^{m}\!.5$ auf 1100 DM, für einen Stern 15^{m} auf 3000 DM und für einen Stern von 16^{m} bis 18^{m} auf 14500 DM. Diese Zahlen sind kennzeichnend für die besondere Kostspieligkeit der Multiplier-Photometrie.

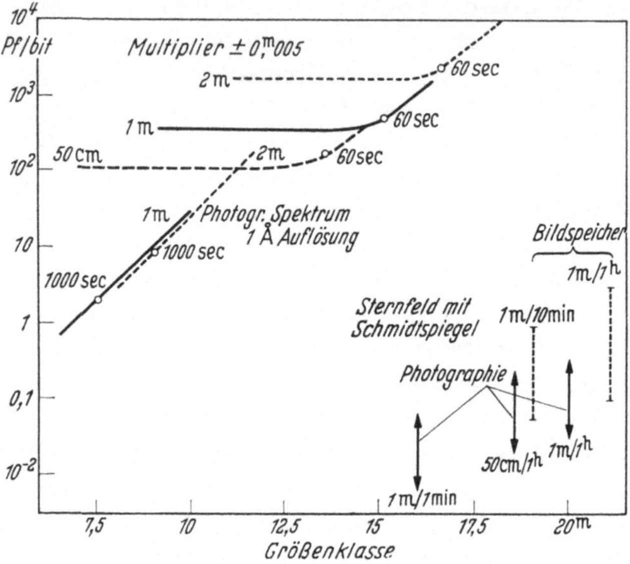

Abb. 4. Kosten astronomischer Information unter mitteleuropäischen Verhältnissen

Wir betrachten ferner ein Beispiel aus der Sternspektroskopie mit photographischer Methode. Mit einem 1 m-Spiegel läßt sich von einem Stern $7^{m}\!.5$ in 1000 sec Belichtungszeit ein ausreichend geschwärztes Spektrum von rund 1000 Å Wellenlängenbereich und mit einem Auflösungsvermögen von etwa 1 Å erzielen. Wir haben es hierbei mit einer eindimensionalen Intensitätsverteilung zu tun, wobei auf der photographischen Schicht 1000 Speicherplätze zur Verfügung stehen. Dabei können wir die Zahl der unterscheidbaren Helligkeitsstufen zu etwa 60 ansetzen, so daß jeder Platz 6 bit Information enthält. Bei 1000 Plätzen sind damit in dem photographischen Spektrum insgesamt 6000 bit Information enthalten. Rechnet man aus den Kosten einer Beobachtungsstunde die Kosten für 1 bit spektroskopische Information aus, so kommt man auf rund 2 Pfennig für den Stern $7^{m}.5$. Wie die Abbildung zeigt, wachsen mit abnehmender Helligkeit die Kosten pro Größenklasse etwa um den Faktor 3, da wegen des Schwarzschildexponenten dieser Faktor in der Belichtungszeit erforderlich ist, um eine Größenklasse weiterzukommen. Aus der Abbildung geht ferner hervor, daß es bei der photographischen Spektroskopie keinen Vorteil bietet, für die helleren Sterne ein Instrument kleinerer Öffnung zu benutzen; die Spektroskopie ist also eine Angelegenheit der Instrumente von mindestens 2 m Öffnung.

Bei der photographischen Aufnahme eines Sternfeldes liegen die Kosten pro bit noch wesentlich günstiger, da sich in einer zweidimensionalen Verteilung außerordentlich viel Informationen speichern lassen. Wir betrachten als Beispiel einen Schmidt-Spiegel von 1 m Öffnung und 3 m Brennweite mit einem Gesichtsfeld von 8 Quadratgrad entsprechend einer Kreisfläche von 165 mm Durchmesser oder $2 \cdot 10^{4}$ mm². Nehmen wir für die Größe eines einzelnen Bildelements einen Wert von $2 \cdot 10^{-3}$ mm² $= 3'' \times 3''$ an, so haben wir 10^{7} Speicherplätze. Bei 30 unterscheidbaren Intensitätsstufen je Speicherplatz bedeutet das eine Speichermöglichkeit von 5×10^{7} bit. Diese Möglichkeit wird aber bei weitem nicht ausgenutzt, denn nur ein kleiner Bruchteil der Speicherplätze ist mit Sternbildchen besetzt, während die große Menge der Bildelemente nur Himmelshintergrund enthält, der keine uns interessierende Information liefert. Bei einer Belichtungszeit von 1 Std, die die Sterne bis etwa zur 20. Größenklasse wiedergibt, werden in einem Milchstraßenfeld rund $2 \cdot 10^{5}$ Sterne, in einem milchstraßenfernen Sternfeld rund $1{,}5 \cdot 10^{4}$ Sterne im Gesichtsfeld wiedergegeben. Die Zahl der brauchbaren Informationseinheiten liegt daher je nach Sternanzahl zwischen etwa 10^{5} und 10^{6} bit, und bei einem Stundenpreis von DM 300 kommen wir auf 0,03 bis 0,3 Pfennig/bit. Bei einer Belichtungszeit von 1 min, bei der das Instrument die Sterne bis zur 16. Größenklasse liefert, wird die Redundanz im Gesichtsfeld entsprechend der rund 10mal kleineren Sternzahl noch wesentlich größer. Trotzdem sind die Kosten pro bit geringer, da die Zahl der abgebildeten Sterne langsamer abfällt als die Belichtungszeit. Die Verwendung eines kleineren Instruments bringt keinen Vorteil, wie die Abbildung zeigt, denn die Zahl der bei gleicher Belichtungszeit wiedergegebenen Sterne ist in dem hier interessierenden Größenklassenbereich den Kosten einer Beobachtungsstunde ungefähr proportional.

Zum Schluß wollen wir betrachten, wie die Verhältnisse bei einem idealen Bildspeicher mit 10% Quantenausbeute liegen, der eine lichtempfindliche Fläche von 35×35 mm² besitzt. Eine größere Fläche für eine Photokathode von hoher Gleichförmigkeit dürfte sich zunächst kaum realisieren lassen. Wir haben also ein verhältnismäßig kleines Bildfeld von nur $1/2$ Quadratgrad, wenn wir die Speicherröhre in Verbindung mit einem Spiegel von 3 m Brennweite verwenden. Nehmen wir wieder 1 m Öffnung für den Spiegel an, so erhalten wir bei einer Speicherzeit von 10^{min} von einem Stern $19^{m}.0$ rund 10^4 Photoelektronen mit einer Schwankung von ± 1% oder einer Meßgenauigkeit von $\pm 0^{m}.01$. Im Gesichtsfeld liegen rund 10^4 Sterne bei einem Milchstraßenfeld, rund $5 \cdot 10^2$ Sterne bei hohen galaktischen Breiten. Wenn sich die gespeicherte Information verlustlos abnehmen läßt, gibt jede Helligkeitsbestimmung eines Einzelsterns 8 bit Information, wir haben also je nach Sternfeld zwischen $8 \cdot 10^4$ und $4 \cdot 10^3$ bit Information im Gesichtsfeld. Damit kommen wir auf Kosten von 0,06 bis 1 Pfennig/bit, die in der gleichen Größenordnung liegen wie die bei der photographischen Photometrie von Sternfeldern. Dem Vorteil einer höheren Quantenausbeute, eines besseren Kontrastes gegen den Untergrund und einer höheren Photometriergenauigkeit steht der Nachteil eines kleineren Gesichtsfeldes gegenüber. Außerdem ist die photographische Schicht als Informationsspeicher insofern unübertrefflich, als nach Schluß der Beobachtung und der Entwicklung der Schicht der Informationsgehalt sofort und für beliebige Dauer zur Verfügung steht. Von der Speicherplatte einer Bildröhre muß dagegen die Information erst in einem ziemlich komplizierten Verfahren wieder abgenommen und auf einen anderen Speicher überführt werden. Nur wenn es gelingt, dabei die erwähnten Vorteile der gegenüber der Photographie fast 100mal größeren Quantenausbeute und der höheren Photometriergenauigkeit bei gleichem Auflösungsvermögen zu erhalten, können die Bildspeicherverfahren zu einem wesentlichen Fortschritt in der astronomischen Beobachtungstechnik führen. Das Verfahren von Lallemand, bei dem eine photographische Schicht als Speicherplatte in der Bildröhre dient, das also als Bildverstärker arbeitet, hat bereits bedeutende Vorteile gegenüber der direkten Photographie gezeigt. Es erscheint daher lohnend, auch andere Möglichkeiten der Bildspeicherung zu diskutieren und zu erproben.

G. Hansen (Oberkochen): Zur Photometrie der elektrischen Bildwandler. (Mit 7 Textabbildungen.)

1. Bedeutung der elektrischen Bildwandler für die Photometrie optischer Instrumente

Unter „elektrischem Bildwandler" soll jede Einrichtung verstanden werden, die eine auf der Auffangfläche erzeugte flächenhafte Verteilung von Beleuchtungsstärke umwandelt in eine bezüglich Verteilung und Abstufung ähnliche Verteilung der Leuchtdichte auf einem Bildschirm. Es fallen insbesondere elektronische Bildwandler und Fernseheinrichtungen darunter. Eine Eigenart dieser Bildwandler besteht darin, daß sie eine Umwandlung der spektralen Verteilung des aufgefangenen Bildes in eine andere im wiedergegebenen Bild zu leisten vermögen. Hier sollen aber nur die Fragen der photometrischen Verhältnisse im visuellen Bereich interessieren.

Für die Photometrie in optischen Instrumenten[1] gelten zwei Gesetzmäßigkeiten, die die Gesamtheit aller Erscheinungen vollständig beherrschen: der Sinussatz der geometrischen Optik oder — anders ausgedrückt — die Invarianz des Lichtleitwertes gegenüber der optischen Abbildung und die Tatsache, daß die Leuchtdichte eine unveränderliche Eigenschaft der Strahlung ist, die ihr von dem Ursprungsort auf den Weg gegeben wird und die sich durch Verluste — also durch Umwandlung in eine andere Energieform oder Ablenkung aus dem zum Bild führenden Lichtweg — vermindern, aber auf keine Weise erhöhen läßt.

Das Einfügen eines elektrischen Bildwandlers in den Lichtweg eines optischen Instrumentes aus Linsen und Spiegeln unterbricht den geometrischen Verlauf der Strahlen, ähnlich wie eine Streuscheibe es tut; der Sinussatz gilt nicht mehr für die Gesamtanordnung.

Auch der Satz von der Invarianz der Leuchtdichte gilt nicht mehr. Die Leuchtdichte wird durch den Bildwandler verändert, unter gewissen Umständen kann sie auch erhöht werden. Gegenstand der folgenden Betrachtungen ist die Untersuchung der

---

[1] Vgl. hierzu den am Schluß des Vortrags (S. 28) angefügten Zusatz „Zur Geschichte der Entwicklung unserer Kenntnis von den Grundlagen der Photometrie".

photometrischen Verhältnisse in einigen typischen Fällen von optischer Bilderzeugung unter Verwendung von Bildwandlern.

2. Kennzeichnung der Eigenschaften

Wenn einer Strecke der Länge s_1 auf dem Auffangschirm eine solche der Länge s_2 auf dem Bildschirm entspricht, so soll

$$\frac{s_2}{s_1} = v$$

die Vergrößerung des Bildübertragers sein.

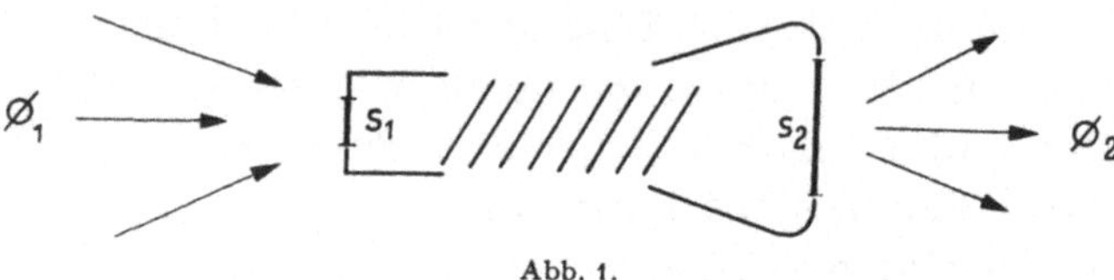

Abb. 1.

Vergleichen wir den Lichtstrom Φ_1, der zu dem Flächenelement auf der Auffangfläche führt, mit dem vom Bildschirm nach außen abgestrahlten Lichtstrom Φ_2 von dem Bild des ersten Flächenelementes, so ist:

$$\frac{\Phi_2}{\Phi_1} = \eta$$

der Wirkungsgrad des Bildwandlers. Diese beiden Größen genügen zur Beschreibung der photometrischen Wirkung des Bildwandlers vollständig.

3. Einfache Abbildung einer leuchtenden Fläche

Eine Fläche, deren Leuchtdichte B_1 ist, wird durch ein Abbildungssystem aus Linsen oder Spiegeln auf der Auffangfläche

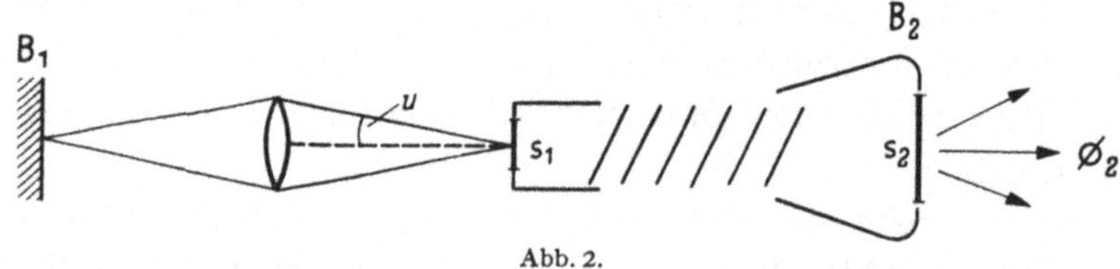

Abb. 2.

so abgebildet, daß der halbe Öffnungswinkel des Büschels von kreisförmigem Querschnitt u ist. Dann trifft auf ein quadratisches Flächenelement der Größe s_1^2 der Lichtstrom

$$\Phi_1 = B_1 s_1^2 \pi \sin^2 u.$$

Von dem Bildschirm wird aus dem Bild s_2^2 des ersten Flächenelementes in den Halbraum ein Lichtstrom Φ_2 abgestrahlt. Wenn man annimmt, daß die Leuchtdichte B_2 des Bildschirms von der Ausstrahlungsrichtung unabhängig ist, so besteht zwischen den Größen Φ_2 und B_2 der folgende Zusammenhang:

$$\Phi_2 = B_2 \, s_2^2 \, \pi .$$

Das Verhältnis beider Lichtströme ist also

$$\eta = \frac{\Phi_2}{\Phi_1} = \frac{B_2}{B_1} \cdot v^2 \cdot \frac{1}{\sin^2 u} .$$

Wenn der Öffnungswinkel u klein ist, kann man an seiner Stelle die Öffnungszahl k verwenden:

$$u = \frac{1}{2k} .$$

Dann ist

$$\eta = \frac{B_2}{B_1} \cdot 4 v^2 k^2 .$$

Derjenige Wert von k, bei dem die Leuchtdichte $B_2 = B_1$ wird, ist

$$k_0 = \frac{\sqrt{\eta}}{2v} .$$

Für $k < k_0$ ist also stets B_2 größer als B_1. Es tritt eine Erhöhung der Leuchtdichte auf dem Bildschirm gegenüber derjenigen der Lichtquelle ein.

4. Beispiele für gemessene Werte

Die folgenden Zahlen sollen eine Vorstellung von den Wirkungen geben, die man mit handelsüblichen Bildwandlern gegenwärtig erreichen kann. Es sind in der folgenden Tabelle einige Meßwerte angegeben, von denen sich die ersten drei auf eine Apparatur von der Firma Siemens beziehen (Siemens-Industrie-Fernsehanlage, Empfangsröhre PTW-Resistron IND 255), die beiden letzten Werte beziehen sich auf einen elektrostatischen Bildwandler (Bildwandler-Anlage BWI 1, Phys.-Techn. Werkstätten Wiesbaden). Die Fernsehapparatur erlaubt eine sehr verschiedene Einstellung der Helligkeit auf dem Bildschirm und des Kontrastes. Die ersten beiden Werte beziehen sich auf zwei Bildschirme verschiedener Größe und Einstellungen, die einen Helligkeitsumfang am Objekt von wenigstens 1:12 wiederzugeben erlauben. Die an dritter Stelle genannte Einstellung für einen großen Bildschirm ist bezüglich der Helligkeit und des Kontrastes extrem gewählt, soweit die Apparatur es

zuließ. Dementsprechend ist hier der wiedergebbare Helligkeitsumfang auch nur 1:2,5. Dafür ist der Wirkungsgrad außerordentlich hoch. In jedem Falle hängt der Lichtstrom-Wirkungsgrad
von der Farbtemperatur der Lichtquelle ab. Diese Abhängigkeit
wäre nicht vorhanden, wenn die spektrale Verteilung der Empfindlichkeit des Bildwandlers derjenigen des Hell-Empfindlichkeits-
grades beim menschlichen Auge gleich wäre. Bei dem elektronischen
Bildwandler ist die Abweichung der spektralen Empfindlichkeit
von der des menschlichen Auges besonders groß. Das kommt
darin zum Ausdruck, daß bei der Farbtemperatur einer niedrig
belasteten Glühlampe ein etwa zehnmal so hoher Wirkungsgrad
vorhanden ist wie bei zerstreutem Tageslicht. Außer der Vergröße-

Gerät	Farbtemperatur	η	v	$\dfrac{\sqrt{\eta}}{2v}$	$\dfrac{\eta}{v^2}$	Umfang
Resistron 9 × 12		5 000	10	3,5	50	1:12
22 × 28	Tageslicht	5 000	24	1,5	9	
22 × 28		80 000	24	5,8	140	1:2,5
Bildwandler	$T_F = 2300°$	12	0,7	2,4	24	
	8000°	1,5	0,7	<1	3	

rung ist auch in der fünften Spalte der Wert angegeben, der dem k_0
entspricht, also der Öffnungszahl der Linse, bei deren Verwendung
die Leuchtdichte auf dem Bildschirm gleich der des Objektes sein
würde. Zu der Angabe in der sechsten Spalte vergleiche Absatz 7.

Diese Angaben und alle folgenden Betrachtungen nehmen keine
Rücksicht auf das Signal-Rauschverhältnis, sagen also nichts aus
über die untere Grenze der photometrischen Empfindlichkeit und
über die Genauigkeit einer photometrischen Messung in Abhängigkeit von der Meßzeit und der Größe des zu messenden Lichtstromes.

5. Mikro-Projektion

Eine Aufgabe, deren Lösung mit den herkömmlichen Mitteln
der Optik nur unbefriedigend zu lösen ist, ist die Sichtbarmachung
eines vom Mikroskop erzeugten Bildes für eine größere Anzahl von
Zuschauern. Es bleibt nichts anderes übrig, als das vom Mikroskop gelieferte Bild auf einem diffus zerstreuenden, weißen Schirm
aufzufangen. Die Verwendung einer Mattscheibe schränkt den
Winkelbereich im allgemeinen ein und bringt auch durch die
Struktur der Mattscheibe unerwünschte Beschränkung im Auf-

lösungsvermögen. Die Aufgabe ist deshalb besonders schwierig, weil der Lichtstrom, der bei starker Mikroskop-Vergrößerung durch eine sehr kleine Fläche am Objekt hindurchgeführt werden muß, leicht eine Zerstörung des Objektes verursacht. Außerdem ist dieser Lichtstrom durch die Eigenschaften der Lichtquellen begrenzt. Die Verwendung eines Bildwandlers schafft neue Möglichkeiten. In Abb. 3 ist oben die Austrittspupille des Mikroskops mit der Leuchtdichte B_1 dargestellt. Es soll das Bild auf dem diffus zerstreuenden Projektionsschirm die gleiche Größe haben wie das Bild auf dem Bildschirm des Bildwandlers. Die Leuchtdichte auf dem Projektionsschirm ist B_2, die auf dem Bildschirm des Bildwandlers B_3. Da in beiden Fällen die gleichen Lichtströme

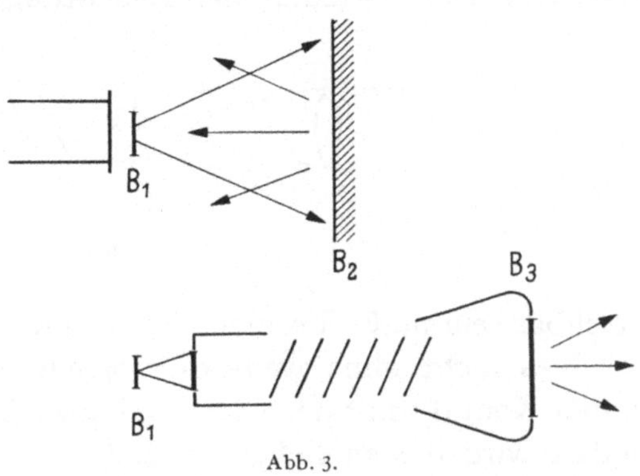

Abb. 3.

zur Erzeugung des gesamten Bildes zur Verfügung stehen, ist das Verhältnis der Leuchtdichten unmittelbar dem Wirkungsgrad des Bildwandlers gleich:

$$\frac{B_3}{B_2} = \frac{\Phi_2}{\Phi_1} = \eta\,.$$

Das bedeutet also, daß man hier durch die Verwendung eines Bildwandlers eine sehr eindrucksvolle Verbesserung der Bildhelligkeit bekommen kann, jedenfalls ohne Schwierigkeiten um den Faktor 5000. Da außerdem die Möglichkeit besteht, eine größere Anzahl von Bildschirmen an den gleichen Empfänger anzuschließen, ist es möglich, das vom Mikroskop erzeugte Bild unmittelbar einer beliebig großen Anzahl von Zuschauern mit ausreichender Helligkeit darzubieten.

6. Kontakt-Photographie

Die Verwendung eines Bildwandlers zur Verkürzung der Belichtungszeit bei der Herstellung einer Photographie kann am einfachsten geschehen, indem die empfindliche Schicht in unmittelbaren Kontakt mit dem Bildschirm des Bildwandlers gebracht wird (Abb. 4). Für die photochemische Wirkung ist die Beleuchtungsstärke an der Schicht maßgebend, also der Lichtstrom pro

Flächeneinheit. Als Maß für die Erhöhung der photochemischen
Wirkung durch den Bildwandler kann also dienen:

$$\frac{E_2}{E_1} = \frac{\dfrac{\Phi_2}{s_2^2}}{\dfrac{\Phi_1}{s_1^2}} = \frac{\eta}{v^2}.$$

In der Tabelle ist die entsprechende Größe angegeben. Man erkennt,
daß eine Herabsetzung der Belichtungszeit auf $^1/_{50}$ durchaus er-

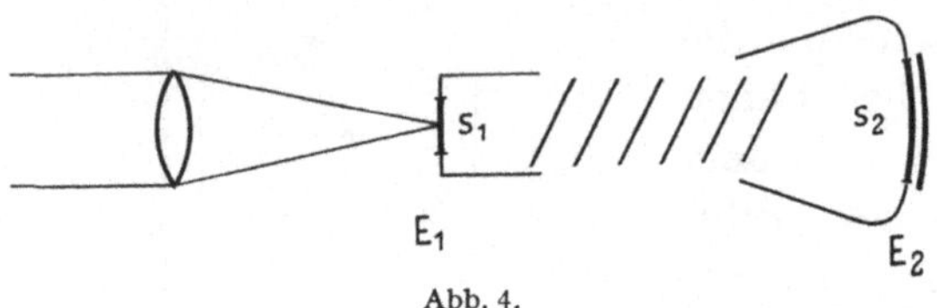

Abb. 4.

reichbar sein muß. Freilich bestehen hier Schwierigkeiten. Einmal
wird es nicht ohne weiteres möglich sein, den Schichtträger in
guten Kontakt mit der Glaswand eines Fernsehkolbens zu bringen,
ferner wird die endliche Glasdicke einen Verlust an Auflösungsvermögen bedingen. Bezüglich der energetischen Ausbeute ist
dieses einfache Verfahren aber allen anderen überlegen.

7. Photographie durch Abbildung des Leuchtschirmes

Wenn man, wie in Abb. 5, den Bildschirm auf die lichtempfindliche Schicht mit einer Linse abbildet, deren Öffnungszahl zwischen

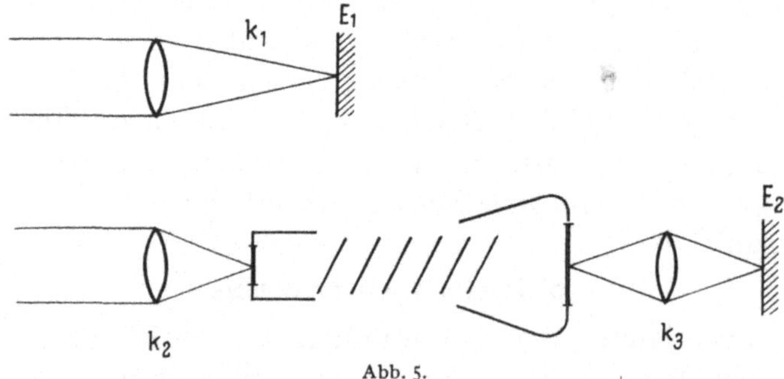

Abb. 5.

ihr und der Schicht k_3 ist, so ist das Verhältnis der photochemischen
Wirksamkeit:

$$\frac{E_2}{E_1} = \left(\frac{k_0\,k_1}{k_2\,k_3}\right)^2.$$

Diese Methode hat zwar den Vorteil, daß man Schwierigkeiten, die bei der im vorigen Abschnitt beschriebenen eintreten, vermeidet, man kann auch den Abbildungsmaßstab dem Auflösungsvermögen der Schicht anpassen. Der Aufwand bezüglich der Hilfsmittel zur Abbildung ist aber größer und die Wirksamkeit durch die Lichtstärke der verwendeten Linsen beschränkt.

8. Fernrohr und Mikroskop

Von besonderem Interesse ist der Fall, daß der Bildwandler in Verbindung mit einem Fernrohr oder Mikroskop verwendet

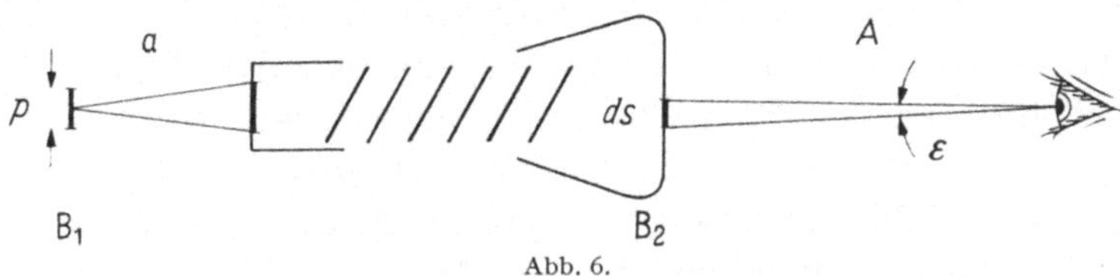

Abb. 6.

wird — derart, daß der Beobachter statt in das Okular des Instrumentes hineinzublicken, den Bildschirm des Bildwandlers betrachtet (Abb. 6). Um den Vergleich zu erleichtern, müssen bestimmte Bedingungen eingehalten werden. Es muß dafür gesorgt werden, daß die Abbildung des Sehfeldes durch das Okular des Instrumentes auf die Auffangfläche in einer solchen Größe vorgenommen wird, daß der Beobachter auf dem Bildschirm das Sehfeld unter dem gleichen Winkel erblickt wie beim Hineinsehen in das Okular. Entsprechend den Verhältnissen bei Abb. 2 ist nach der Formel auf S. 19:

$$\frac{B_2}{B_1} = \frac{\eta}{4} \cdot \frac{1}{v^2 k^2}.$$

Setzt man für k das Verhältnis des Abstandes zwischen Austrittspupille und Empfänger zum Pupillendurchmesser und für die Vergrößerung v den Wert A/a, so erhält man:

$$\frac{B_2}{B_1} = \frac{\eta}{4} \cdot \frac{p^2}{A^2}.$$

Den Betrachtungsabstand kann man durch die Größe des Strukturelementes ds auf dem Bildschirm und das Winkelauflösungsvermögen des Auges ε ersetzen; dann erhält man:

$$\frac{B_2}{B_1} = \frac{\eta}{4} \cdot \frac{p^2 \varepsilon^2}{ds^2}.$$

Wenn man hier für $\varepsilon = \frac{1}{3000}$ und für $ds = \frac{1}{3}$ [mm] einsetzt, so folgt:

$$B_2 = B_1 \cdot p^2 \cdot \frac{\eta}{4 \cdot 10^6}.$$

Hier ist p der Durchmesser der Austrittspupille des Instrumentes. Bei einem Durchmesser der Austrittspupille von 1 mm, einem Wirkungsgrad von 40000 und einer Leuchtdichte im Sehfeld von 1000 asb bekommt man für B_2 nur 10 asb. Es ist aber nicht richtig, hieraus den Schluß zu ziehen, daß dem Beobachter der Bildschirm nur mit $^1/_{100}$ der „Helligkeit" des Sehfeldes erscheint. Es ist nämlich zu berücksichtigen, daß am Okular von der natürlichen Augenpupille nur ein Teil ausgenutzt wird, und daß der Pupillendurchmesser, mit dem der Beobachter den Bildschirm betrachtet, in der Regel bedeutend größer sein wird als die Austrittspupille des Instrumentes. Schließlich muß man noch bedenken, daß die Betrachtung des Bildschirmes mit beiden Augen erfolgt, während am Fernrohr in der Regel nur monokular beobachtet wird. Um die Verhältnisse bei Beobachtung bei verschiedenen Pupillengrößen übersehen zu können, verwendet man den Begriff der Empfindungsleuchtdichte B_E. Dieser Begriff soll Antwort auf die Frage geben, welches die Leuchtdichte einer mit unbewaffnetem Auge betrachteten Fläche sein muß, damit der Beobachter den gleichen Helligkeitseindruck wie beim Beobachten an einem Instrument mit beschränkter Austrittspupille und einer bestimmten, gegebenen Leuchtdichte im Sehfeld erhält. Um die Empfindungsleuchtdichte berechnen zu können, braucht man den Zusammenhang zwischen Leuchtdichte und Durchmesser der Augenpupille. Im vorliegenden Fall ergibt sich, daß die Empfindungsleuchtdichte nur 25 asb wäre. Das ist ein überraschend niedriger Wert. Man kann sich aber leicht davon überzeugen, daß er tatsächlich etwa richtig sein muß, denn aus den Feststellungen über die Größe der Augenpupille in Abhängigkeit von der Leuchtdichte ergibt sich, daß man bei dieser Leuchtdichte mit einem Pupillendurchmesser von 6,3 mm zu rechnen hat. Es würde also bei monokularer Beobachtung des Leuchtschirmes, der eine objektive Leuchtdichte von 10 asb hat, der Beobachter den Eindruck haben müssen, daß das Sehfeld im Instrument zwar 2mal so hell erscheint; da aber die Betrachtung des Leuchtschirmes in der Regel mit zwei Augen erfolgt und mit einer fast vollständigen Reiz-Summation bei Beobachtung mit beiden Augen gerechnet werden kann, erscheint unter den angenommenen Verhältnissen der mit beiden Augen betrachtete Leuchtschirm bei gleicher Bildgröße etwa eben so hell wie das Sehfeld bei monokularer Betrachtung.

9. Optische Rückkopplung

Ein elektrischer Bildwandler bietet grundsätzlich die Möglichkeit einer Bildverstärkung durch optische Rückkopplung, entsprechend dem in Abb. 7 skizzierten Schema. Das primäre Bild wird durch eine Linse mit der wirksamen Öffnungszahl k_1 auf der Auffangfläche des Bildwandlers erzeugt. Das hierdurch verursachte Bild auf dem Bildschirm mit der Leuchtdichte B_2 wird durch eine zweite Linse mit der Öffnungszahl k_2 auf dieselbe Auffangfläche so abgebildet, daß die Konturen sich genau mit dem primären Bild decken. Selbstverständlich kann die Anordnung nicht so wie in der Skizze dargestellt gewählt werden. Bei geeigneter Wahl der Verhältnisse kann auf diese Weise eine Bildverstärkung erreicht werden. Es ist nämlich dann die Leuchtdichte auf dem Bildschirm B_2:

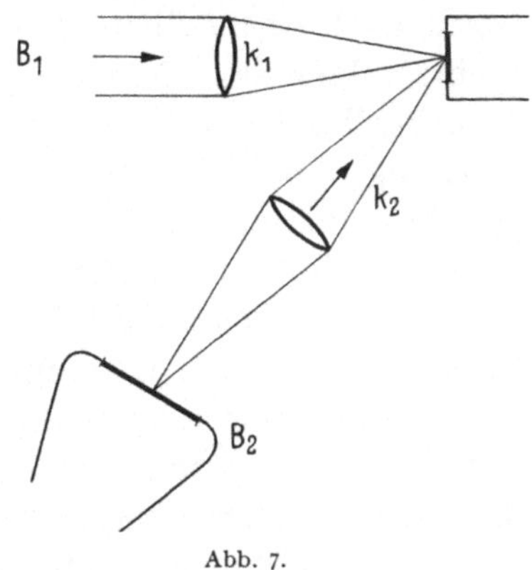

Abb. 7.

$$B_2 = B_1 \cdot \frac{\eta_1}{4\,v^2\,k_1^2} \cdot \frac{1}{1 - \dfrac{\eta_2}{4\,v^2\,k_2^2}}.$$

Es müssen hier zwei verschiedene Werte von η verwendet werden; η_1 gilt für die Farbtemperatur des Objektes, η_2 dagegen für die Farbtemperatur des Bildschirmes selbst.

Wenn man als Bildwandler einen Fernsehapparat verwendet, so kann eine Rückkopplungswirkung nur in Erscheinung treten, wenn die Leuchtdauer des Schirmes hinreichend groß ist. In einem solchen Fall ist aber der erwartete Effekt tatsächlich vorhanden. Auf die Möglichkeit einer solchen optischen Rückkopplung wurde meines Wissens zuerst in einem Schweizer Patent 1935 von LARS ORVIN hingewiesen.

Zur Geschichte der Entwicklung unserer Kenntnis von den Grundlagen der Photometrie

LAGRANGE [1] hat sich in einer in französischer Sprache in den Berliner Akademie-Berichten im Jahre 1803 erschienenen

Arbeit auch mit der Invarianz der Leuchtdichte beschäftigt. Die heute üblichen Begriffe der Photometrie waren damals noch nicht entwickelt. LAGRANGE schließt aus seinen Überlegungen: „Eine bedeutungsvolle Folgerung aus diesem allgemeinen optischen Gesetz ist, daß ein Gegenstand durch irgendein optisches Instrument immer ebenso hell erscheint wie bei einfacher Betrachtung, wenn man von Lichtverlusten durch Linsen und Spiegel absieht."

Sehr eingehend ist von R. CLAUSIUS [2] die Frage behandelt worden, ob es möglich ist, durch Konzentration von Wärme und Lichtstrahlen eine Temperatur zu erzielen, die höher ist als die der Lichtquelle. Diese Überlegungen waren verursacht durch eine Bemerkung von W. RANKINE[1], der gemeint hatte, es seien Prozesse denkbar, die zu einer erneuten Konzentration von Wärmeenergie im Weltall führen können. Denn wenn die Welt endlich sei, müsse an ihren Grenzen Totalreflexion der strahlenden Energie erfolgen. Es könnten auch Brennpunkte existieren, die einen Weltkörper, der in einen solchen Brennpunkt gerät, auf hohe Temperatur erhitzen. CLAUSIUS meint zu dem Ergebnis, daß ein solcher Vorgang mit dem zweiten Hauptsatz der mechanischen Wärmetheorie in Widerspruch stehen würde. Auch eine optische Abbildung ändert nichts daran, sie kann nur die absolute Größe der ausgetauschten Wärmemengen, aber nicht ihr Verhältnis beeinflussen.

HELMHOLTZ [3] untersucht die theoretische Grenze für die Leistungsfähigkeit der Mikroskope. Er stellt die Lagrangeschen Überlegungen in einer leichter verständlichen Form dar als LAGRANGE es getan hatte und kommt zu dem Schluß, daß innerhalb des Gültigkeitsbereichs der Lagrangeschen Formel, die nur für kleine Öffnungswinkel für Ausstrahlung und Einstrahlung gilt, unter Hinzunahme des Erhaltungssatzes für die Strahlungsenergie die Strahlungsdichte durch die Abbildung nicht verändert werden kann. Schon einige Jahre vorher hatte sich ABBE [4] mit dieser Frage beschäftigt. ABBE zieht die Folgerung aus seinen Überlegungen: „Die Lichtwirkung, welche irgendein optischer Apparat in einen beliebigen Punkt des Bildes einer gegebenen Lichtquelle vermittelt, ist stets äquivalent einer Lichtstrahlung aus der Fläche des Öffnungsbildes, wenn dieser in allen Teilen die Leuchtkraft des zugehörigen Objektpunktes beigelegt wird oder eine dieser im Ver-

---

[1] 1820—1872, zuletzt Professor für Theorie der Dampfmaschine und mechanische Wärmelehre in Glasgow.

hältnis des Quadrates des Brechungsexponenten proportionale, falls das letzte Medium vom ersten verschieden ist.“

Der Sinussatz ist implicite in der Untersuchung von CLAUSIUS enthalten, allerdings in der Differentialform. HELMHOLTZ hat durch eine sehr großzügige Erweiterung des Lagrangeschen Näherungssatzes den Schluß auf große Winkel gezogen. S. 565: „Der Satz muß auch gültig bleiben für große Winkel gegen die Achse. Wenn er nicht gültig wäre, müßte es möglich sein, durch ein optisches Instrument ein Objekt heller zu sehen als es ist, was allen Erfahrungen widersprechen würde.“ Bei der Abfassung dieser Arbeit war HELMHOLTZ die einige Zeit zuvor erschienene Arbeit von ABBE [5] noch nicht bekannt. Sie kam ihm erst zu Gesicht, als er sein Manuskript abschicken wollte. Den strengen Beweis für die Invarianz der Leuchtdichte hat ABBE in dieser und der vorher zitierten Arbeit angekündigt, aber an keiner Stelle tatsächlich veröffentlicht. HELMHOLTZ meint: „Die besondere festliche Veranlassung, zu welcher dieser Band der Annalen veröffentlicht wird, verbietet mir, meine Arbeit zurückzuhalten oder ganz zurückzuziehen. Da sie die von Herrn ABBE noch zurückgehaltenen Beweise der von uns beiden gebrauchten Theoreme und einige einfache Versuche zur Erläuterung der theoretischen Betrachtungen enthält, mag ihre Veröffentlichung auch vom wissenschaftlichen Standpunkt aus entschuldigt werden.“

Die Art, wie HELMHOLTZ hier den Sinussatz zu beweisen versucht, ist von STRAUBEL [6] kritisiert worden: „HELMHOLTZ hat den Sinussatz energetisch bewiesen, aber bei aller Ehrfurcht vor HELMHOLTZ und trotz des richtigen Resultates muß ich sagen, ich halte die Schlußweise nicht für korrekt. Denn er verallgemeinert den nur für unendlich dünne Büschel bewiesenen Satz über das Helligkeitsverhältnis von Objekt und Bild auf endlich geöffnete Büschel. Man muß meiner Überzeugung nach durch Kombination des Energiesatzes und des Sinussatzes den Satz über das Helligkeitsverhältnis beweisen, nicht aber, wie HELMHOLTZ es getan, aus Energiesatz und Helligkeitsverhältnis den Sinussatz ableiten.“

Über die Bedeutung des Sinussatzes für die Erzeugung von Bildern ist von SEIDEL und ABBE gearbeitet worden. Die Seidelsche Theorie ist eine Theorie dritter Ordnung und kann damit von Natur aus keine Aussagen für beliebig große Öffnungswinkel machen. Trotzdem hat SEIDEL seine zweite Bedingung als Fraunhofer-Bedingung bezeichnet, weil dieser Fehler an dem Heliometer-

Objektiv in Königsberg von Fraunhofer 1825 beseitigt gewesen sei. Auch Abbe [7] ist dieser Meinung gewesen: „Es ist von Interesse zu constatieren, daß das Fraunhofersche Objektiv, so wie es durch die Elemente des Königsberger Heliometers gekennzeichnet ist, dieses Ideal eines zweigliedrigen Systems in aller Vollkommenheit darstellt. Sein Convergenzfehler ist gleich Null, nämlich von gleicher Ordnung mit dem Rest der sphärischen Aberration im Brennpunkt. Es erklärt sich dieses sehr einfach, weil verständlicherweise doch nicht bezweifelt werden kann, daß Fraunhofer — zumal bei einem Objektiv, dessen Bild in ungewöhnlich großer Ausdehnung für Messungen benutzt werden sollte — jedenfalls die möglichste Einschränkung der Undeutlichkeitskreise außer der Achse als dritte Bedingung eingeführt haben wird, woraus eine große Annäherung an das richtige Convergenzverhältnis von selbst erfolgen mußte." Es ist nicht klar, woher Abbe diese Information entnommen hat. Im Widerspruch dazu steht nämlich die Feststellung von A. Steinheil in S.-B. bayer. Akad. Wiss. **19**, 413 (1889). Steinheil stellt durch sorgfältige Durchrechnung auch für schiefe Büschel fest, daß das Fraunhofersche Objektiv bezüglich der Freiheit von Asymmetriefehlern ganz wesentlich verbessert werden kann, wenn man unter Beibehaltung der Bauart und der Glassorten Änderungen an den Radien vornimmt. Die Abbesche Vermutung, daß Fraunhofer sich Rechenschaft über die Größe des Asymmetriefehlers durch Durchrechnung verschafft und diesen Fehler auf ein Minimum gebracht hätte, trifft also offenbar nicht zu. Abbe hat sicherlich als Erster bei seinen Versuchen, Mikroskop-Objektive mit sehr großer Anfangsöffnung rechnerisch vorauszubestimmen, die Bedeutung des Sinussatzes für solche Systeme sehr großer Öffnung vollständig klar erkannt.

Literatur

[1] Lagrange, M. J. L.: Sur une loi générale d'Optique. Mém. Acad. Roy. Berlin MDCCCIII, S. 3—12 (1803). — [2] Clausius, R.: Über die Concentration von Wärme- und Lichtstrahlen und die Grenzen ihrer Wirkung. Ann. Physik **121**, 1—44 (1864). — [3] Helmholtz, H.: Die theoretische Grenze für die Leistungsfähigkeit der Mikroskope. Poggendorffs Ann. 1874, Jubelband, S. 557—584. — [4] Abbe, E.: Über die Bestimmung der Lichtstärke optischer Instrumente. Jena. Z. Med. Naturwiss. **6**, 263—291 (1871). — [5] Abbe, E.: Beiträge zur Theorie des Mikroskops und der mikroskopischen Wahrnehmung. M. Schultzes Arch. mikr. Anat. **9**, 413—468 (1873). — [6] Straubel, R.: Über einen allgemeinen Satz der geometrischen Optik und einige Anwendungen. Phys. Z. **4**, 114—117 (1902). — [7] Abbe, E.: Über die Bedingungen des Aplanatismus der Linsensysteme. S.-B. der Jena. Ges. für Medicin und Naturwiss. 1879, S. 129—142.

R. Theile (München): Grundlagen der Fernseh-Ladungsspeicherröhren[1]. (Mit 6 Textabbildungen.)

Der Grundvorgang einer elektrischen Fernsehübertragung ist in Abb. 1 schematisch dargestellt [1]. Der „optische Zustand" (Leuchtdichte- oder Schwärzungsverteilung) des zu übertragenden Bildes wird mit einer feinen Sonde d_1 „abgetastet" und in ein zugeordnetes elektrisches Signal umgewandelt (E_1), das dem Empfänger zugeleitet wird (über Kabel oder als Modulation einer Trägerwelle). Dort wird das elektrische Signal wieder in ein Lichtsignal

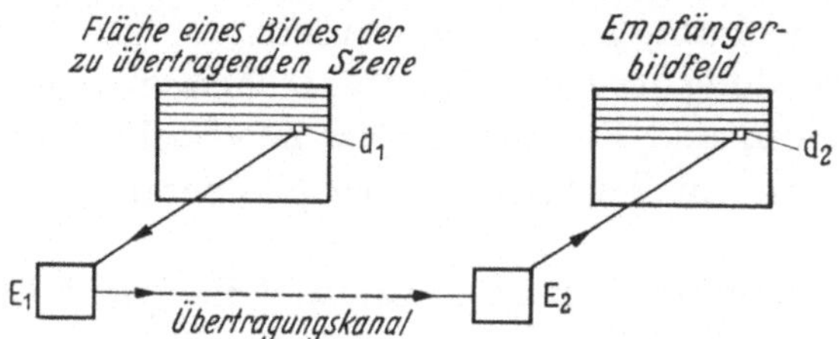

Abb. 1. Schema einer Fernsehübertragung

umgesetzt (E_2), das an der richtigen Stelle im Empfangsbild über die Sonde d_2 erscheint. Als Schema der Abtastung hat sich allgemein das Parallelzeilenraster bewährt. Damit ein zusammenhängender Bildeindruck entsteht, muß in der üblichen Anwendung des Fernsehens (z.B. im Fernsehrundfunk) der Abtastvorgang mehrmals in der Sekunde erfolgen. Die Normen der Fernsehrundfunkübertragungen liegen bei 25 Bildern/sec mit einer Zeilenzahl von etwa 400 bis 800 pro Bildfeld. Das elektrische Bildsignal hat dementsprechend ein relativ breites Frequenzband. Die Grenzfrequenz wird so festgelegt, daß die durch den endlichen Durchmesser der Abtastsonde begrenzte Bildauflösung im elektrischen Übertragungskanal nicht merkbar verschlechtert wird. Der quantitative Zusammenhang der Grenzfrequenz f_g mit den Daten der Fernsehabtastung ist gegeben durch

$$f_g = \frac{1}{2} R \cdot K \frac{a}{b} \cdot Z^2 \cdot f_w.$$

Hierin bedeutet Z die Zeilenzahl, f_w die Zahl der Abtastungen pro Sekunde und a/b das Verhältnis Bildbreite zu Bildhöhe (Bildformat); die Konstante R und K berücksichtigen die Einflüsse der

---

[1] Auszug aus dem Vortrag.

endlichen Rücklaufzeiten und physiologische Gesichtspunkte $(R \cdot K \approx 1)$. Für Sonderanwendungen des Fernsehens ist man nicht an die im Rundfunk üblichen Normen gebunden. Falls das Bild nicht subjektiv betrachtet werden soll, sondern eine photographische Registrierung genügt, kann die Übertragungsgeschwindigkeit erheblich herabgesetzt werden. Daraus ergeben sich nicht nur Vorteile wegen der geringeren Bandbreite im elektrischen Übertragungskanal, sondern auch grundsätzliche Verbesserungen des Störabstandes im Fernsehsignal, d.h. des Verhältnisses dieses Signals zu den inhärenten statistischen Störschwankungen. Dies wird später noch im einzelnen diskutiert.

Die Anwendung des Fernsehens bei technisch-wissenschaftlichen Untersuchungen und Forschungen ist in verschiedener Beziehung vorteilhaft (z.B. im Vergleich mit der photographischen Registrierung):

1. Die Empfindlichkeit ist größer, weil die Quantenausbeute der photoelektrischen Schichten um ein bis zwei Größenordnungen über der von photochemischen Schichten liegt.

2. Bei Anwendung des äußeren Photoeffektes ist eine genaue Proportionalität in der optisch-elektrischen Umwandlung gegeben, während man in der Photographie mehr oder weniger gekrümmte Schwärzungskennlinien in der bildlichen Umwandlung findet.

3. Die Fernsehtechnik ermöglicht eine momentane Fernsehübertragung der registrierten Vorgänge irgendwohin.

4. Im Vergleich zur Bildwandlertechnik ist als Vorteil zu nennen, daß durch die Energiezufuhr im elektrischen Teil der Übertragungskette die am Empfänger reproduzierte Bildhelligkeit relativ groß gemacht werden kann, so daß die Beobachtung auch einer großen Zahl von Personen gut möglich ist.

5. Man kann einen eventuell vorhandenen Gleichlichtanteil durch Subtraktion des zugeordneten Anteils im Bildsignal im Verstärker unterdrücken; man kann also den Kontrast verstärken.

6. Im Fernsehen ist grundsätzlich eine zweckmäßige Verformung des Bildsignals möglich mit dem Ziel, gewisse zu untersuchende Effekte oder Details im Bild künstlich hervorzuheben. So kann man z.B. durch Differentiation des Bildsignals die scharfen Kanten im Bild stark überhöhen.

Natürlich ist die Anwendung des Fernsehens auch nicht ohne Nachteile. Die notwendige Elektronik und Übertragungstechnik ist relativ umfangreich und zu einem gewissen Grad auch stör-

anfällig, bedarf also guter Überwachung und Justierung. Nichtlinearitäten im Abtast- bzw. im Bildschreibvorgang wirken sich als
Geometriefehler aus, die allerdings mit einem hinreichenden technischen Aufwand sehr klein gehalten werden können. Die Auflösung ist durch die Fehler in den optischen und elektronenoptischen
Hilfsmitteln und natürlich durch die Zeilenzahl begrenzt. Die
Zeilenzahl kann nicht beliebig gesteigert werden, weil wegen der
quadratischen Abhängigkeit der Grenzfrequenz die Schwierigkeiten
im elektrischen Übertragungsteil rasch wachsen und die statistischen Störschwankungen im Bildsignal ohnehin eine Grenze ziehen.

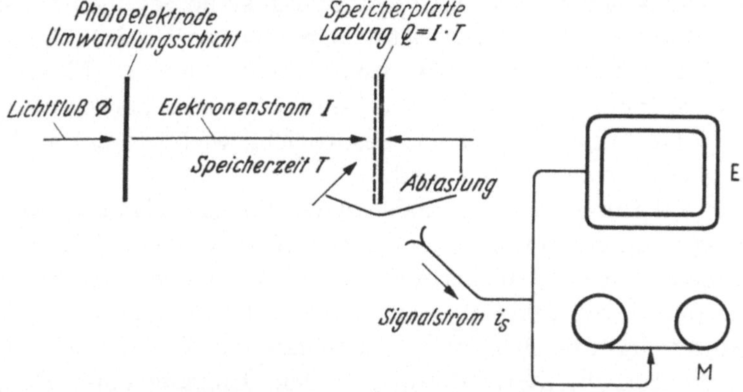

Abb. 2. Prinzip einer Fernsehaufnahme mit Ladungsspeicherung

Die elektro-optische Umwandlung bei der Bildabtastung geschieht heute mit sog. Bildaufnahmeröhren, in denen das Prinzip
der Ladungsspeicherung verwendet wird [2]. Abb. 2 zeigt das
grundsätzliche Schema solcher Anordnungen. Die Röhren enthalten
eine photoelektrisch empfindliche Schicht, auf die der Lichtfluß Φ
auftrifft, wodurch eine bestimmte Elektronenmenge ausgelöst wird.
Als zweites wichtiges Bauelement enthalten die Röhren eine sog.
Speicherplatte, auf der eine dem Lichtbild ähnliche Ladung aufgebaut wird. Der photoelektrisch ausgelöste Elektronenstrom I
wirkt eine bestimmte Speicherzeit T lang ein, so daß sich eine
Ladung $Q = I \cdot T$ ergibt. Zur Auswertung wird die Speicherplatte
mit feinen Elektronenbündeln je nach Bauart von vorn oder von
der Rückseite abgetastet. Dabei entsteht der Signalstrom i_s, der
zur Sichtbarmachung des Bildes die Intensität eines schreibenden
Elektronenstrahls auf einer Empfängerröhre E steuert, oder dessen
zeitlicher Verlauf z. B. auf einer magnetischen Speicheranordnung M
registriert wird.

Die praktische Durchführung solcher Speicheranordnungen wird in dem folgenden Vortrag behandelt. Allgemein sei hier nur gesagt, daß man verschiedene Anordnungen findet und zwar die Verwendung des äußeren und inneren Photoeffektes, Anordnungen mit getrennter Photoschicht und Speicherplatte (ähnlich wie Abb. 2), kombinierte Speicher- und Photoschicht (dann notwendig mit mosaikförmiger Photokathode) usw. Auch die Art der Abtastung ist in den einzelnen Röhren verschieden. Zur Einstellung eines stabilen Grundzustands verwendet man entweder eine Elektronensonde mit sog. „langsamen" Elektronen, d. h. mit Abbremsung der Abtastelektronen, so daß keine Sekundäremission bei der Landung auf den Speicherelementen stattfindet. Andererseits gibt es Röhren mit Abtastung durch „schnelle" Elektronen (Größenordnung 1000 V), die Sekundäremission hervorrufen, so daß als Ladungsgrundzustand das Gleichgewichtspotential dieser Sekundäremission benutzt wird.

Die Ableitung des Bildsignals von der Speicherplatte im Abtastvorgang kann ebenso auf verschiedene Weise erfolgen [2]. Einmal kann man die in der gemeinsamen Gegenelektrode der Speicherplatte influenzierten Stromimpulse ausnutzen und zwar über einen in die Zuleitung der Speicherplatte eingeschalteten Widerstand, wobei dann die Speicherplatte direkt mit dem Eingang eines Röhrenverstärkers verbunden wird. Andererseits kann man auch die bei dem Abtastvorgang frei werdenden oder nicht zur Neutralisierung der Ladung benutzten Elektronen auffangen und zunächst innerhalb der Röhre mit Hilfe eines Sekundäremissions-Vervielfachers elektronisch vorverstärken. Auf diese beiden verschiedenen Arten der Signalübertragung kommen wir bei der Diskussion des Störabstandes noch einmal zurück.

Als Beispiel der zur Zeit leistungsfähigsten Röhre, insbesondere in bezug auf Empfindlichkeit, sei in Abb. 3 das Schema des sog. Superorthikons (image orthicon) gezeigt [3]. Die Photoschicht ist homogen und durchsichtig und arbeitet mit dem äußeren lichtelektrischen Effekt. Das Lichtbild wird auf diese Schicht entworfen und ruft eine dem Bildinhalt ähnliche Verteilung der Emission von Photoelektronen hervor. Diese Photoelektronenemission wird elektronenoptisch auf der Speicherplatte abgebildet, die aus einem dünnen Glashäutchen als Ladungsträger mit einer gewissen Restleitfähigkeit besteht; dieser Glashaut steht als gemeinsame Bezugselektrode ein dünnes Metallnetz großer Durchlässigkeit in wenigen hundertstel Millimeter Abstand gegenüber. Die Photoelektronen werden auf einige hundert Volt beschleunigt, treten durch das Netz und erzeugen durch Sekundäremission auf der Glashaut ein positives Ladungsbild. Die Abtastung erfolgt von der anderen Seite mit langsamen Elektronen. Die Auswertung geschieht durch Auffangen des rücklaufenden Stromes, der in einem mehrstufigen Elektronenvervielfacher mehrere hundertmal vorverstärkt wird.

Die Bildqualität einer Fernsehübertragung ist durch die physikalischen Vorgänge in den Umwandlungsprozessen grundsätzlich

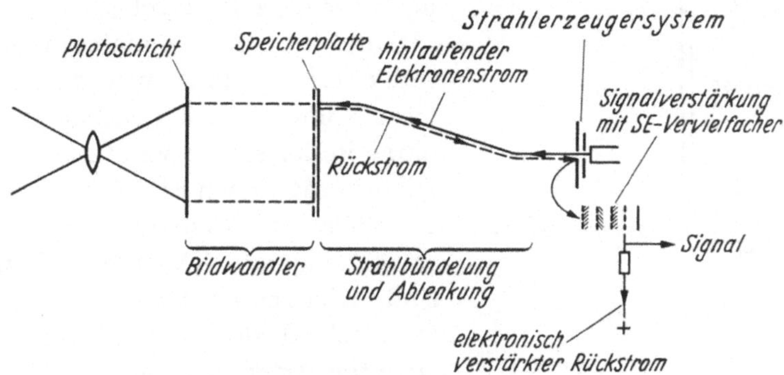

Abb. 3. Schema der Signalerzeugung im Superorthikon

begrenzt. Diese Begrenzungen kann man etwa in drei Gruppen zusammenfassen:

1. Zunächst sind es Fehler in der Optik und Elektronenoptik, die vor allem die Auflösung begrenzen. Im speziellen sind die elektronenoptischen Fehler der Elektronensonden, die für die Abtast- und Bildschreibvorgänge benutzt werden, gegeben durch die Physik des Emissionsvorganges im Strahlerzeugersystem. Der Fleckdurchmesser hängt z. B. ab von der Verteilung und Größe der Anfangsgeschwindigkeiten der Elektronen an der Kathode und von der Stromdichte, die der emittierenden Kathode zugemutet werden kann. Man kann etwa sagen, daß im Zusammenwirken aller Bildfehler nach dem heutigen Stand der Technik das Fernsehen eine Auflösung von der Größenordnung etwa 500 Bildelemente pro Bildhöhe gut leistet. Die Grenzauflösung liegt höher, aber es ist sinnvoller, als Grenze diejenige Auflösung anzugeben, bei der die Modulationstiefe einer feinen Bildstruktur merklich abzufallen beginnt.

2. Eine scharfe Grenze ist dem Übertragungsvorgang gezogen durch die **statistischen Störschwankungen**, die in dem Bildsignal überlagert sind. Hier muß man unterscheiden zwischen den Schwankungen, die inhärent im Bildsignal und auch schon in der Bildladung von einer Speicherperiode zur anderen vorhanden sind auf Grund der mit der Elektronenladung gegebenen quantenhaften Struktur der Elektrizität. Je nach Art der technischen Durchführung können jedoch im Vorgang der Signalverstärkung noch Störschwankungen aus fremden Quellen hinzutreten, z. B. durch thermisches „Rauschen" des Signalkopplungswiderstandes, und auch durch die Diskontinuität der Elektronenströmung in der ersten Verstärkerröhre. Diese zusätzlichen Einflüsse sind um so größer, je kleiner die am Verstärkereingang liegenden Signale sind. Hier zeigt sich ein beachtlicher Unterschied der beiden bereits erwähnten Arten der Signalableitung von der Speicherplatte, die in Abb. 4 skizziert sind. Für beide Fälle sind Berechnungen des Störabstandes, gegeben durch das Verhältnis des maximalen Bildsignals (Schwarz-Weiß-Sprung) zu dem effektiven Mittelwert der Störschwankungen, durchgeführt [1], [2].

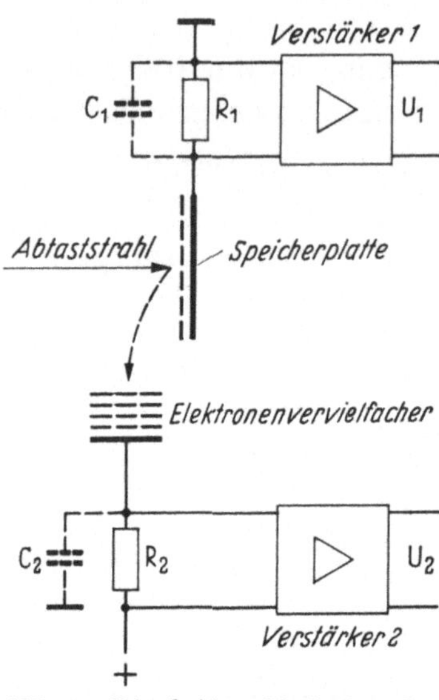

Abb. 4. Die beiden Methoden der Signalerzeugung in Fernseh-Bildaufnahmeröhren mit Ladungsspeicherung

Für den Fall der direkten Signalableitung, Abb. 4 oben, bei der die influenzierten Stromimpulse am Eingang des Verstärkers, d. h. an den Enden des Widerstandes R_1 das Signal auslösen und bei der die kurzschließende Wirkung der schädlichen Parallelkapazitäten C_1 berücksichtigt werden muß, erhält man für den Störabstand (bei Zimmertemperatur T_0)

$$S_1 = i_s \left\{ 2e\,\sigma\,i_s f_m + 4\,kT_0 \left(\frac{f_m}{R_1} + \frac{4\pi^2}{3}\,R_a\,C_1^2\,f_g^3 \right) \right\}^{-\frac{1}{2}}.$$

Hierbei bedeuten e = Ladung des Elektrons, k = Boltzmann-Konstante, T_0 = Zimmertemperatur (absolut), R_1 = Kopplungswiderstand, f_g = Grenzfrequenz (Bandbreite), C_1 = Wert der schädlichen Parallelkapazitäten und $R_ä = $ äquivalenter Rausch-widerstand der ersten Röhre im Verstärker 1, $i_s = $ Signalstrom.

σ ist eine Konstante, deren Wert normalerweise etwa zwischen 3 und 10 liegt, mit der die Erhöhung der statistischen Schwankun-gen durch Mitwirkung von Sekundäremission beim Aufbau und bei Abtastung des La-dungsbildes berück-sichtigt wird und auch der Modulationsgrad im Signalstrom, d. h. das eventuelle Vor-handensein eines die Störschwankungen er-höhenden Gleichstro-mes. Als typisches Bei-spiel ist in Abb. 5 der Störabstand S_1 in Ab-hängigkeit der Band-breite f_g dargestellt für zwei charakteristische Werte des Signalstro-mes i_s (10^{-7} und 10^{-8} A) und für zwei ver-schiedene Signalwider-stände R_1 (10^6 und 10^7 Ω).

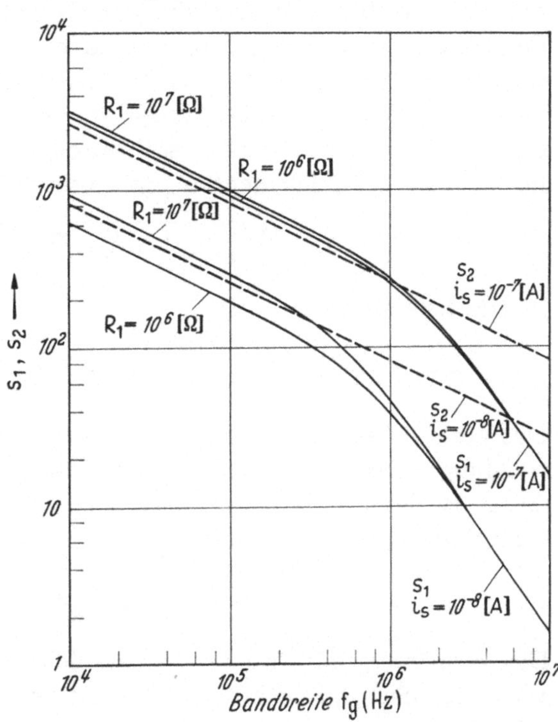

Abb. 5. Störabstand in Fernseh-Bildaufnahmeröhren als Funktion der Bandbreite für die beiden Methoden nach Abb. 4

Für den Fall der elektronischen Vorverstärkung mit Hilfe eines SE-Vervielfachers (Abb. 4 unten) erhält man für den Störabstand S_2

$$S_2 = \sqrt{\frac{i_s}{f_g}}\sqrt{\frac{1}{2e\,\sigma\,\beta}}$$

β ist eine Konstante, mit der die Erhöhung der Schwankungen durch die zusätzliche Statistik im Prozeß der Elektronenvervielfachung erfaßt wird ($\beta \approx 1{,}5$). Auch S_2 ist in Abb. 5 für die gleichen Werte des Signalstromes dargestellt. Man erkennt, daß insbesondere bei großen Bandbreiten, d. h. hohen Übertragungsgeschwindigkeiten die elektronische Vorverstärkung des Bildsignals erhebliche Vorteile bringt. Allerdings ist der Einbau eines Elektronenvervielfachers

nicht immer möglich, bzw. es verteuert der Einbau einer solchen
Einrichtung die ohnehin sehr komplizierten Speicherröhren. Man
wird also in Sonderanwendungen des Fernsehens die Übertragungsgeschwindigkeit, d.h. die Zeilenzahl und die Zahl des Bildwechsels
pro sec nicht höher als unbedingt nötig wählen. Es ist interessant,
die beiden Störabstände miteinander zu vergleichen, und man
findet z.B. für das Verhältnis $M = S_2/S_1$ unter der speziellen Vor-
aussetzung, daß eine bestimmte Ladungsmenge Q in ein Bildsignal umgewandelt werden soll durch Abtastung mit einer Auflösung von B-Bildelementen pro Abtastfläche:

$$M = \sqrt{\frac{1}{\beta} + \frac{1}{2}\, a\, \frac{B}{Q} \left(\frac{1}{R_1 f_g} + b \cdot f_g\right)}.$$

Hierin bedeuten:

$$a = \frac{4\,k\,T_0}{2e} \cdot \frac{1}{\sigma\beta} = \frac{1}{20} \cdot \frac{1}{\sigma\beta} \quad [\text{Volt}]; \quad b = \frac{4\pi^2}{3} R_a C_1^2 \quad [\text{Q F}^2].$$

Das Verhältnis M gibt den Vorteil im Störabstand an, den die Verwendung eines Multipliers bringt. Man findet bei Auswertung
dieser Beziehung, daß der Vorteil ein Minimum besitzt für eine
bestimmte optimale Bandbreite

$$f_{g\text{opt}} = \frac{1}{\sqrt{b \cdot R_1}}.$$

Die Anordnung mit direkter Signalableitung ohne Multiplier sollte
also möglichst mit dieser Abtastgeschwindigkeit und Auflösung
arbeiten. Daß eine solche Optimalbedingung existiert, ist darauf
zurückzuführen, daß bei zu hoher Abtastgeschwindigkeit die Pa-
rallelkapazität C_1 das Signal am Verstärkereingang mehr und mehr
verkleinert, und daß andererseits bei zu langsamer Abtastung das
thermische Rauschen des Signalwiderstandes relativ zu dem dann
sehr kleinen Signalstrom zunehmend an Bedeutung gewinnt. Die
optimale Betriebsweise ist gegeben durch das Verhältnis der Ver-
stärkerkonstante

$$b = \frac{4\pi^2}{3} R_a C_1^2$$

zur Größe des Signalwiderstandes R_1.

Für die üblichen Werte der heutigen Verstärkungsanordnungen
kommt man bei $R_1 = 10^6\,\Omega$ für $f_{g\text{opt}}$ in die Größenordnung einiger
hundert kHz und bei $R_1 = 10^8\,\Omega$ in die Größenordnung einiger
zehn kHz.

Als praktisches Beispiel der mit den heutigen Röhren erreichbaren Störabstände seien Daten des in Abb. 3 schematisch gezeigten Superorthikons angeführt. In dieser Röhre beträgt die gesamte Speicherkapazität etwa 100 pF und man erreicht einen Störabstand bei der Betriebsweise mit der heutigen Norm des Rundfunk-Fernsehens von $S_{\mathrm{a}} = 35$. Rechnet man die gespeicherte Ladung aus, so kommt man auf etwa 4000 Elektronen pro Bildelement. Der mit einer solchen Ladungsmenge bestenfalls mögliche Störabstand beträgt

$$\sqrt{4000} = 64.$$

Man sieht, daß diese Röhre bereits mehr als 50 % der theoretisch möglichen Grenze bezüglich der Empfindlichkeit erreicht.

3. Als dritte Gruppe physikalischer Begrenzungen im Übertragungsvorgang des Fernsehens kann man Effekte zusammenfassen, die durch **Wechselwirkungen benachbarter Bildelemente** gegeben sind. Hierzu gehören z.B. die Lichtstreueffekte, die in dem Schirm der Bildwiedergaberöhre zu einer gewissen Beeinflussung der Bildelemente untereinander führen (Aufhellungseffekte). Von ernsterer Bedeutung sind aber Kopplungseffekte, die Störerscheinungen beim Aufbau und bei der Abtastung des Ladungsbildes an der Speicherplatte hervorrufen. Wie Abb. 6 zeigt, besteht die Speicherplatte nicht nur aus einer Vielzahl von einzelnen unabhängigen Speicherkondensatoren, sondern man muß mit kapazitiven und galvanischen Kopplungen zwischen den freien Enden der einzelnen Speicherelemente rechnen. Abb. 6 zeigt dies für den Fall des Superorthikons, dessen Speicherplatte, wie bereits erwähnt, aus einer dünnen Glashaut und einem parallel dazu ausgespannten Netz besteht (Abb. 6a). In Abb. 6b ist das Ersatzschaltbild dieser Speicherplatte in ihrer Gesamtheit dargestellt. Die eigentliche Speicherkapazität ist gegeben zwischen dem Netz und der Glashaut. Weiterhin muß man aber der Glashaut selbst zwischen Vorderseite und Rückseite eine (wesentlich größere) Kapazität zuordnen und auch einen Widerstand, der notwendig ist, damit die Ladung innerhalb einer Speicherperiode sich durch die Glashaut hindurch ausgleichen kann. Diese durch R_g gekennzeichnete Leitfähigkeit bedingt natürlich auch eine galvanische Kopplung zwischen benachbarten Bildelementen, über die sich die gespeicherte Ladung ausgleichen kann. Abb. 6c zeigt diese Querkopplungen in einem schematischen Ersatzschaltbild der Speicherplatte, das zwischen den Speicherkapazitäten C_S die Widerstände

R_K und C_K erkennen läßt. Durch diese Kopplungen sind verschiedene, an anderer Stelle ausführlich behandelte Störerscheinungen bedingt [4], die sich als überhöhte Randlinien und Verschleifungen scharfer Kanten auswirken.

Infolge der angedeuteten physikalischen Begrenzungen ist man bei dem Entwurf von Speicherröhren an gewisse Kompromisse ge-

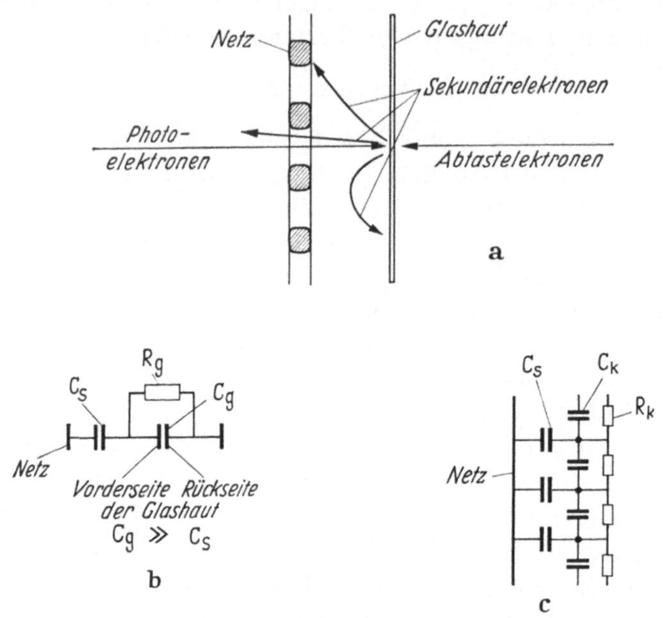

Abb. 6 a—c. Ersatzschaltbilder der Speicherplatte der Superorthikonröhre

bunden. Will man z. B. eine Röhre sehr empfindlich machen, so muß die Speicherkapazität klein sein, damit das Aufladepotential die optimale Höhe erreicht. Kleine Speicherkapazitäten bedingen aber ein ungünstiges Verhältnis der eigentlichen Speicherkapazität C_s zu den Kopplungskapazitäten C_K, d. h. der Einfluß der Nachbarschaftseffekte wird größer und damit leidet die Auflösung und die Qualität der Übertragung. Hohe Auflösung erreicht man also besser mit unempfindlichen Röhren. Man muß bei der speziellen Anwendung des Fernsehens diese notwendigen Kompromisse wohl beachten und die Dimensionierung der vorgesehenen Speicherröhren entsprechend wählen, gegebenenfalls neue Spezialtypen entwickeln. Welche technischen Ausführungsformen zur Zeit vorhanden sind, soll der nächste Vortrag zeigen.

Literatur

Dieser Auszug gründet sich auf folgende Arbeiten des Autors und Mitarbeiter

[1] SCHRÖTER, F., R. THEILE u. G. WENDT: Fernsehtechnik, Kap. VIII u. IX. Berlin: Springer 1956. — [2] THEILE, R.: Die Signalerzeugung in Fernsehbildabtaströhren. Arch. elektr. Übertragung 7, 16—27, 281—290, 328—337 (1953). — [3] THEILE, R.: Die Superorthikon-Fernseh-Kameraröhre. Elektron. Rdsch. 10, 153—157, 193—197, 225—226 (1956). — [4] THEILE, R., u. F. PILZ: Übertragungsfehler der Superorthikon-Fernseh-Kameraröhre. Arch. elektr. Übertragung 11, 17—32 (1957).

F. Pilz (München): Die Technik der heute verwendeten Fernseh-Ladungsspeicherröhren, Orthikon und Superorthikon, Superikonoskop, Vidicon[1]. (Mit 4 Textabbildungen.)

Bei den vier heute gebräuchlichen Fernsehaufnahmeröhren wird das von der Aufnahmeoptik auf der Photoschicht erzeugte Bild mit Hilfe der vom einfallenden Lichtstrom ausgelösten Elektronen in ein Ladungsbild auf einer Ladungsspeicherplatte umgewandelt, das

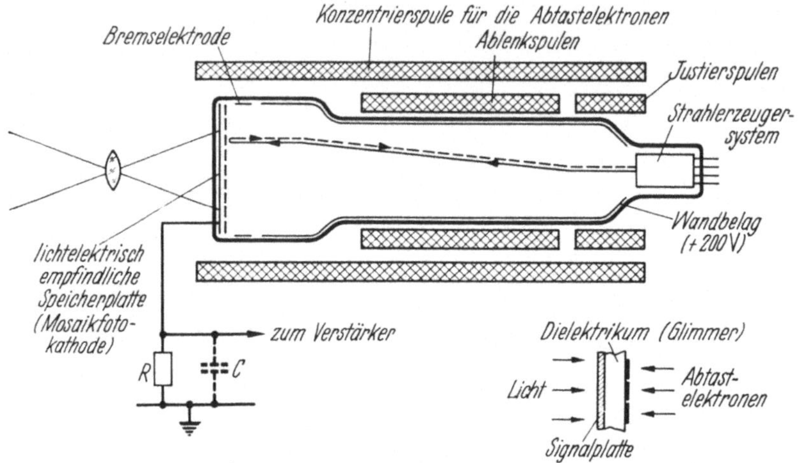

Abb. 1. Schema des Orthikons

dann durch eine feine Elektronensonde zeilenweise abgetastet wird. Der durch die vorgefundene Ladungsverteilung modulierte Elektronenstrom liefert im Prinzip das gewünschte Bildsignal, mit dem ein in einer Wiedergaberöhre synchron laufender Elektronenstrahl gesteuert werden kann.

Beim Orthikon (C.P.S.-Emitron) ist die Speicherplatte mit der Photoschicht kombiniert, die aus einem Mosaik von kleinen, voneinander isolierten Photokathoden besteht. Die ausgelösten Photoelektronen werden in das Innere der Röhre abgesaugt und laden die Speicherplatte dadurch positiv auf; die Abtastung geschieht mit langsamen Elektronen und erfordert eine komplizierte elektronenoptische Einrichtung. Das Signal wird durch den bei der Abtastung in die leitende Rückbelegung der Speicherplatte fließenden Influenzstrom geliefert.

[1] Nach der Tonbandaufnahme hergestellte gekürzte Fassung des Vortrags.

Die Kapazität der Speicherplatte beträgt etwa 1000 pF, die Empfindlichkeit der Photokathode etwa 20 µA/lumen. (Durch die Mosaikstruktur der Photokathode tritt ein Verlust ein; mit Multialkaliphotoschichten werden sich etwa 50 µA/lumen erreichen lassen.) Bei einem Signalstrom (für Bildweiß) von etwa 0,15 µA erreicht man einen Störabstand von etwa 70:1; dazu ist ein Lichtstrom von 5 millilumen erforderlich. Die Auflösung, d.h. die Modulationstiefe der Signalamplitude an der oberen Grenzfrequenz bei 5 MHz im 625 Zeilensystem beträgt in der Bildmitte etwa 55 bis 60 %, am Rande die Hälfte. Es besteht ein linearer Zusammenhang zwischen dem auffallenden Lichtstrom und dem Signalstrom, so daß bei der Signalverstärkung eine Kompensation der gekrümmten Kennlinie der Fernseh-Wiedergaberöhren nötig ist (Gammakorrektur).

Das Superorthikon (Image-Orthikon) hat die höchste Empfindlichkeit unter den vier Kameraröhren. Die von der homogenen Photokathodenschicht (Empfindlichkeit 70 µA/lumen, mit Multialkalikathode bis 200 µA/lumen) ausgelösten Elektronen werden auf eine schwach leitende, 3 bis 5 µ dicke Speicherfolie abgebildet, deren Leitfähigkeit bei der richtigen Arbeitstemperatur in der Röhre von 35 bis 40° C so bemessen ist, daß die Ladung in weniger als $^1/_{25}$ sec durch die dünne Folie durchtreten, aber quer nicht über den Durchmesser eines Bildelements hinaus abwandern kann. Als gemeinsame Gegenelektrode für alle Speicherelemente ist vor der Speicherplatte in 20 bis 50 µ Abstand je nach der gewünschten Speicherkapazität (250 bzw. 100 pF) ein dünnes Netz mit 750 Maschen pro Bildhöhe (20 mm) gespannt. Die Aufladung erfolgt durch die von den Photoelektronen auf der Vorderseite der Speicherplatte ausgelösten Sekundärelektronen, die Abtastung geschieht auf der Rückseite der Speicherplatte mit langsamen Elektronen. Die vor der Speicherfläche umkehrenden Abtastelektronen, deren Zahl durch die Aufladung der Speicherelemente moduliert ist, werden in einen fünfstufigen Sekundärelektronenvervielfacher gelenkt, an dessen Ausgang sie ein 1000fach verstärktes Signal erzeugen.

Bei dieser Röhrentype muß mit typischen Übertragungsfehlern gerechnet werden, die in Folge von relativ großen kapazitiven Kopplungen zwischen benachbarten Speicherelementen sowie durch zusätzliche Ablenkungen der Abtastelektronen durch die Speicherladungen entstehen und die sich im Fernsehbild als helle Randlinien bzw. als Kantenverschleifungen und geometrische Verzeichnungen heller Felder mit dunklem Umfeld auswirken. Sehr hohe Kontraste in dem zu übertragenden Bild verursachen Halo-Erscheinungen. Mechanische Erschütterungen der Röhre können Schwankungen der Speicherkapazität hervorrufen (Mikrophonie-Effekt). Die Übertragungskennlinie (Signalstrom in Abhängigkeit von der Beleuchtungsstärke) ist linear bei kleiner Aussteuerung und wird gekrümmt bzw. horizontal, wenn das Aufladepotential auf der Speicherplatte in die Nähe der Vorspannung des Absaug-

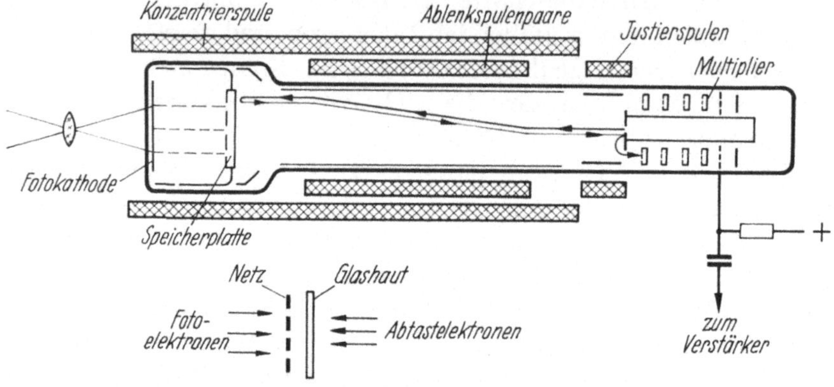

Abb. 2. Schema des Superorthikons

netzes (im allgemeinen etwa 2 V) kommt. Der zur vollen Aussteuerung nötige Lichtstrom beträgt je nach Empfindlichkeit der Photokathode und Größe der Speicherkapazität 0,03 bis 0,3 millilumen, der entsprechende Signalstrom 0,01 bis 0,03 μA vor dem SE-Vervielfacher und 10 bis 30 μA am Ausgang des SE-Vervielfachers. Die Auflösung (Modulationstiefe bei 5 MHz und 625 Zeilen) in Bildmitte beträgt 30 bis 60% je nach Größe der Speicherfläche, der Störabstand ist 35:1 bis 60:1.

Einfacher in seinem Aufbau ist das Superikonoskop, das mit elektronenoptischer Abbildung der Photoelektronen auf eine isolierende Speicherplatte und Abtastung des durch Sekundäremission entstehenden Ladungsbildes von der gleichen Seite mit einem seitlich angeordneten Strahlerzeugungssystem für schnelle Elektronen arbeitet. Das Signal wird an der Rückbelegung der Speicherplatte abgenommen.

Die Übertragungskennlinie ist gekrümmt. Die Kapazität der Speicherplatte beträgt 3000 bis 5000 pF, Empfindlichkeit, Auflösung und Störabstand entsprechen etwa den für das Orthikon angegebenen Werten.

Das Vidicon (Resistron) enthält eine Halbleiterphotoschicht, die wie beim Orthikon zugleich als Speicherschicht dient und mit langsamen Elektronen abgetastet wird. Die von den Abtastelektronen aufgebrachte Ladung wird je nach der Stärke der Belichtung des betreffenden Bildelements verschieden schnell durch den Photo-

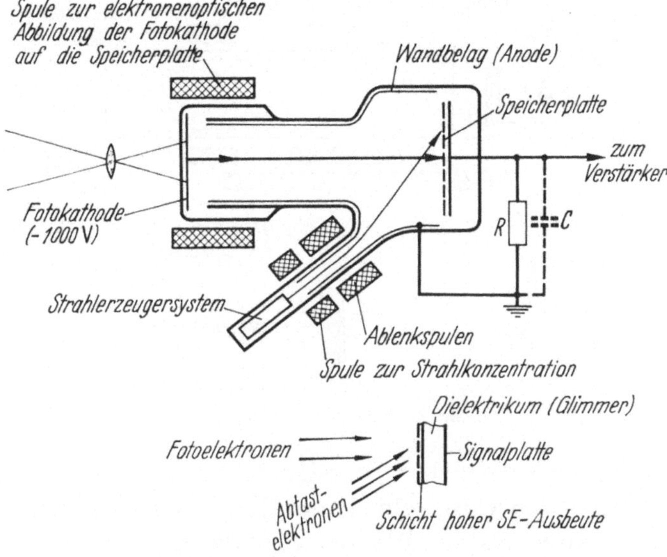

Abb. 3. Schema des Superikonoskops

widerstand der Halbleiterschicht zur leitenden (lichtdurchlässigen) Rückseite der Speicherschicht abgeführt, deren Potential etwa 10 bis 50 V höher liegt.

Die Übertragungskennlinie ist über einen weiten Bereich gleichmäßig gekrümmt ($\gamma \sim 0,6$). Das Vidicon kann mit der Empfindlichkeit des Orthikons betrieben werden, doch macht sich bei schwachen Lichtströmen die dann noch relativ lange Speicherzeit der Photohalbleiterschicht durch Nachzieherscheinungen (Verwischungen im Bilde bei der Übertragung schneller Bewegungen) störend bemerkbar. Die Auflösung (Modulationstiefe) beträgt bei 625 Zeilen nur 20 %, dagegen ergibt sich ein Störabstand von 100:1.

Die Verteilung der statistischen Schwankungen über die Frequenzen steigt mit wachsender Frequenz an bei den Röhren, bei denen das Signal direkt von der Speicherplatte abgeleitet wird

(Orthikon, Superikonoskop, Vidicon), und ist konstant beim Super-orthikon wegen der Vorverstärkung des Signals im eingebauten Multiplier. Ungleichmäßigkeiten im Bildsignal bei Übertragung von Bildschwarz treten beim C.P.S.-Emitron nicht auf, beim Super-orthikon betragen sie infolge ungleichmäßiger Sammlung der Ab-tastelektronen in den Multiplier hinein bis zu 15 %, beim Super-

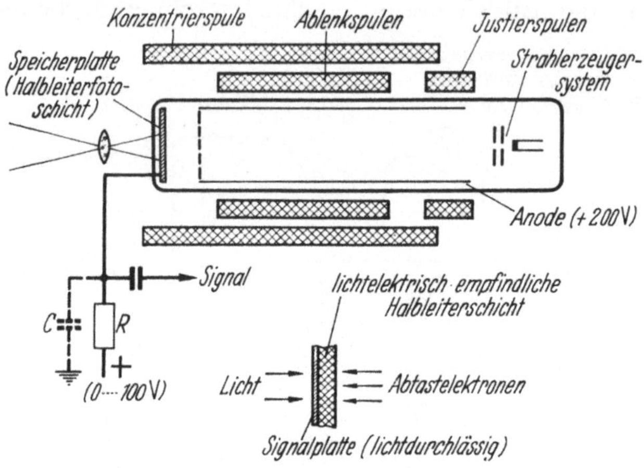

Abb. 4. Schema des Vidicons

ikonoskop infolge restlicher Störsignale bis zu etwa 20 %, beim Vidicon infolge von Unterschieden in den Dunkelströmen über die Bildfläche hinweg bis zu 20 % der Signalamplitude des Schwarz-Weißsprunges. Unterschiede in der Modulationstiefe bei der Über-tragung von Bildweiß betragen beim C.P.S.-Emitron und Super-ikonoskop bis zu 20 %, beim Superorthikon und Vidikon bis zu 30 %.

Literatur

Theile, R.: Kapitel IX in F. Schröter, R. Theile u. G. Wendt, Grundlagen des elektronischen Fernsehens, Bd. V/1 des Lehrbuchs der drahtlosen Nachrichtentechnik, herausgeg. von N. v. Korshenewsky u. W.T. Runge. Berlin: Springer 1956. (Diesem Artikel sind auch die Abb.1 bis 4 entnommen).

J. Dachs (Tübingen): Bildverstärkung durch Halbleiter. (Mit 1 Textabbildung.)

In den letzten Jahren sind von mehreren Firmen ([1] bis [3]) besonders einfache photoelektrische Bildverstärker entwickelt worden, die auf Halbleitereffekten in Festkörpern beruhen und weder Vakuum-Bildröhren noch komplizierte elektronische Schaltungen erfordern. Diese Festkörper-Bildverstärker bestehen aus einer dünnen Platte, die aus halbleitenden Schichten zwischen dünnen, durchsichtigen, leitenden Elektroden auf einen Glasträger aufgebaut ist; zwischen den Elektroden liegt im allgemeinen eine Wechselspannung von einigen hundert Volt und einer Frequenz von einigen hundert Hertz. Auf der einen Seite, auf die das primäre Bild aufprojiziert wird, befindet sich eine photoleitende Schicht (Halbleiter mit innerem photoelektrischem Effekt), auf der anderen ein Phosphor, der gute Elektrolumineszenz zeigt, d.h. beim Anlegen eines elektrischen (Wechsel-) Feldes Licht emittiert. Die Dicke der Schichten muß so gewählt werden, daß im unbelichteten Zustand der Widerstand pro Flächeneinheit der Photoleiterschicht (Photowiderstand) sehr viel größer ist als der Widerstand der Phosphorschicht, so daß die gesamte Spannung zwischen den Elektroden an der ersten Schicht abfällt; dann liegt am Phosphor keine Spannung, und es wird auch kein Licht emittiert. Bei steigender Belichtung sinkt der Widerstand der photoleitenden Schicht, ein zunehmender Teil der Kondensatorspannung fällt nun am Phosphor ab, und es tritt Elektrolumineszenz auf. Die Auflösung der Anordnung für die Übertragung von Hell-Dunkel-Bilddetails ist von der Größenordnung der Summe der Schichtdicken.

Diese Anordnung spricht auf Strahlung in weiten Wellenlängenbereichen an. Ein derartiger bei PHILIPS [3] entwickelter einfacher Bildwandler für Röntgenbilder ergibt z.B. eine 30mal größere Schirmbildhelligkeit als ein gewöhnlicher Leuchtschirm. Dagegen ist das Problem der Verstärkung von sichtbarem Licht nach diesem Verfahren anscheinend bisher nur in einer speziellen Ausführung mit Erfolg angegriffen worden, dem Lichtverstärker von KAZAN und NICOLL bei der RCA ([1], [2]), über den im folgenden allein berichtet werden soll.

Bei diesem Lichtverstärker (Abb. 1) beträgt die Dicke der elektrolumineszierenden Schicht etwa 25 µ, das Maximum der Lichtemission liegt bei 550 mµ, die Lichtausbeute des Phosphors ergibt etwa 10 Lumen/Watt. Die Photowiderstandsschicht aus gepulvertem Cadmiumsulfid, das in Kunststoff eingebettet ist, ist 400 µ dick, um den nötigen Dunkelwiderstand zu erzielen, und außerdem im Abstand von 600 µ von parallelen, tiefen Furchen durchzogen, damit bei der Belichtung die in dem stark lichtabsorbierenden Material nur in einer dünnen Oberflächenschicht ausgelösten

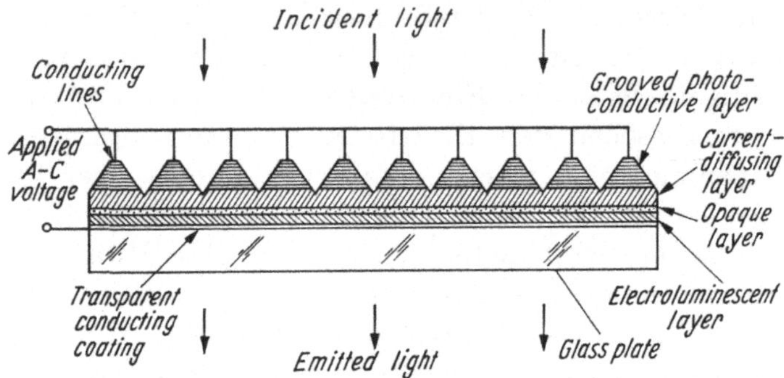

Abb. 1. Schema des Lichtverstärkers nach KAZAN und NICOLL [1], [2]

Elektronen über die ebenfalls belichteten Flanken der Furchen abfließen können und dadurch der wirksame Widerstand der Schicht bei der Belichtung genügend absinkt. Dabei wird in dieser Schicht eine elektrische Leistung von über 10^4 Watt/Lumen gesteuert. Auf den stehenbleibenden Rippen sind schmale Streifen der durchsichtigen Elektrode aufgebracht; zwischen Photoleiter und Phosphor ist noch eine dünne undurchsichtige Schicht eingefügt, die Lichtrückkopplung verhindert — Lichtrückkopplung führt unter anderem zu einer Verminderung des Auflösungsvermögens —, sowie eine halbleitende stromverteilende Schicht, die dafür sorgt, daß der Phosphor nicht nur in schmalen Streifen am Grunde der 0,6 mm voneinander entfernten Furchen erregt, sondern in seiner ganzen Fläche gleichmäßig ausgenutzt wird. Das Empfindlichkeitsmaximum des CdS-Pulvers liegt bei 750 mµ. Ein erheblicher Nachteil ist die große Trägheit des Aufbaus der Photoleitung; die Zeit, die vom Einschalten der Beleuchtung bis zur Erreichung der vollen zugehörigen Photoleitfähigkeit vergeht, wächst mit abnehmender Beleuchtungsstärke und ist bei 1 Lux Beleuchtungsstärke von der

Größenordnung einiger Sekunden, bei 0,01 Lux von der Größenordnung 100 sec.

Der Bildverstärker wurde bis zur Größe 30×30 cm², d.h. mit 500 Furchen, hergestellt und spricht auf weniger als 0,01 Lux an. Die Verstärkung des eingestrahlten Lichtes konnte durch Vorspannung der einzelnen benachbarten CdS-Rippen mit Gleichspannung gegeneinander gesteigert werden; bei kurzzeitiger Erregung des Lichtverstärkers (Belichtungsdauer etwa 1 sec) erhält man eine Verstärkung der eingestrahlten Lichtmenge bis zu 100 oder 200 (in Lumensec/m²), wenn man über das gesamte während der Abklingzeit des Photowiderstandes ausgestrahlte Licht integriert. Bei Dauerbeleuchtung (gemessen in Lux) erhält man nach der Aufbauzeit der Photoleitung im Verstärker asymptotisch bis zur 500- oder 1000fachen Leuchtdichte auf der Schirmbildfläche (in Apostilb) je nach Intensität und Farbe des eingestrahlten Lichtes. Das Gamma des Lichtverstärkers (Steilheit der Schwärzungskurve) für die Wiedergabe von Halbtönen liegt bei 3.

Vorteile dieses Bildverstärkers sind sein einfacher und handlicher Aufbau. Leider scheint er für Anwendungen in der Astronomie im gegenwärtigen Stadium der Entwicklung noch keinen Nutzen zu versprechen: infolge des Dunkelstroms im Photowiderstand zu unempfindlich (Schwelle 0,01 Lux bei einem linearen Auflösungsvermögen von höchstens 0,6 mm), um die Belichtungszeiten bei langbelichteten Himmelsaufnahmen herabdrücken zu können, bringt der Bildverstärker in seiner derzeitigen Ausführung auch bei Objekten, bei denen genügend Intensität zur Verfügung steht, wie bei der Sonne und den Planeten, infolge seiner großen Zeitkonstante vermutlich keinen Gewinn, da man dort wegen der Luftunruhe zu Belichtungszeiten um $1/_{1000}$ sec vordringen möchte. Es ist jedoch zu hoffen, daß infolge des Interesses, das ein solch einfacher Festkörper-Bildverstärker auf vielen Gebieten und auch für die Fernsehtechnik hat, noch an einer Steigerung des zeitlichen und linearen Auflösungsvermögens der Anordnung gearbeitet wird, und auch die Astronomen sollten deshalb die weitere Entwicklung im Auge behalten.

Literatur

[1] NICOLL, F.H., u. B. KAZAN: Proc. Inst. Radio Engrs **43**, 1888 (1955). J. Opt. Soc. Amer. **47**, 887 (1957). — [2] KAZAN, B.: Proc. Inst. Radio Engrs **45**, 1358 (1957). — [3] DIEMER, G., H.A. KLASENS u. P. ZALM: Philips techn. Rdsch. **18**, 349 (1957).

Diskussion

Schroeter (Ulm): Infolge der langen Abklingzeit wird der Elektrolumineszenz-Bildverstärker wohl nicht sehr bald in die Fernsehtechnik eingeführt werden können (Ausnahme: slow scan television der Bell Laboratories). Eine sehr schöne Ausführung des Festkörperbildverstärkers ist dagegen in den Philips-Laboratorien als Infrarot-Bildwandler entwickelt worden (KLASENS, Philips Research Reports 1955) und gibt ausgezeichnete Bilder.

U. Mayer (Tübingen): Ist der Elektrolumineszenz-Bildverstärker an Cadmiumsulfid gebunden?

Schroeter (Ulm): Mit CdS arbeitet sich besonders bequem, man kann aber auch sehr gut Zinkoxyd nehmen; ZnO ist auch ein guter Photohalbleiter mit wesentlich kleineren Zeitkonstanten, nur ist die Empfindlichkeit nicht so groß.

ZnO wird z.B. verwendet im „Electrofax"-Photokopierverfahren, das von der RCA in Zusammenarbeit mit Kodak ausgearbeitet wurde: das zu reproduzierende Dokument wird auf eine ZnO-Photohalbleiterschicht auf einer leitenden Unterlage projiziert; die ZnO-Schicht saugt im Kontakt mit einer vorher aufgeladenen Folie von dieser die Ladung an den belichteten Stellen ab, dann wird die Folie mit feinem schwarzem Pulver (Korndurchmesser $1\ \mu$) bestäubt. An den nicht geladenen Stellen wird der Staub weggeblasen, man erhitzt die Folie, das Pulver wird in eine Wachsschicht eingeschmolzen, und man erhält außerordentlich scharfe Kopien. Auf einem Blatt von der Größe einer Spielkarte lassen sich auf diese Weise etwa 20000 Wörter lesbar unterbringen.

N. N.: Bezieht sich nicht die große Zeitkonstante des Bildverstärkers nur auf den Aufbau des Lumineszenzbildes, d.h. kann man nicht auch z.B. bei der Sonnenphotographie, wo genügend Intensität zur Verfügung steht, mit einem solchen Halbleiter-Bildverstärker mit extrem kurzen Lichtblitzen arbeiten und sich das Schirmbild in Ruhe aufbauen lassen? Bekäme man dann noch eine Verstärkung?

Dachs: Nach den Kurven von KAZAN bekommt man bei 0,1 Lux und 1 sec Belichtungszeit noch eine deutliche Verstärkung an integriertem ausgestrahlten Licht; ob man von da auf $^1/_{1000}$ sec Belichtungszeit bei 100 Lux extrapolieren kann, müßte experimentell geprüft werden.

Siedentopf: Ein Halbleiter-Bildverstärker wäre für astronomische Anwendungen ideal, weil man ihn einfach in Kontakt mit einer Photoplatte in die Kassette legen könnte und keine Änderung am Instrumentarium brauchte. Außerdem transponiert er langwellige Strahlung in den photographisch zugänglichen kurzwelligeren Spektralbereich, was auch ein wesentlicher Vorteil für die astronomische Anwendung wäre.

R. Theile (München): Spezielle Speicherröhren zur Verwendung in der Astronomie[1]. (Mit 3 Textabbildungen.)

Bei Verwendung von Ladungsspeicherröhren in der Astronomie sind die Voraussetzungen von den üblichen Gegebenheiten der Fernsehübertragung verschieden. Es ist in der Regel nicht erforderlich, die Vorgänge kontinuierlich zu übertragen; auch sind die notwendigen Speicherzeiten erheblich länger, um eine hinreichend große, einwandfrei auswertbare Ladung zu sammeln. Die Konstruktion und Betriebsweise der Röhren können sich diesen Umständen mit Vorteil anpassen, so kann z.B. der ganze Umwandlungsvorgang in drei unabhängig nacheinander ablaufenden Intervallen (Speicherung, Auswertung, Einstellung des Ladungsgrundzustandes) erfolgen.

Bei der diskontinuierlichen Betriebsweise mit langer Speicherzeit ist es jedoch nicht mehr möglich, bei Verwendung der üblichen Hilfsmittel am Empfangsort (Kathodenstrahlröhre als Punktlichtschreiber) ein zusammenhängendes und fortdauerndes Bild zu sehen. Es gibt aber auch hier Speichersysteme, die man in der zukünftigen Entwicklung zur direkten und sofortigen Sichtbarmachung der gespeicherten Ladung einsetzen kann. Oft genügt für diesen Zweck eine geringere technische Vollkommenheit, gut genug, um einen Überblick zu erhalten, während die exakte Auswertung auf photographischem Wege über eine hochwertige, aber in der Konstruktion normale Kathodenstrahlröhre mit Leuchtschirm erfolgen wird.

Von den verschiedenen Möglichkeiten einer Empfangs-Sichtspeicherung ist die Verwendung von langnachleuchtenden Bildschirmen nur auf relativ kurze Speicherzeiten beschränkt. Lange Sichtbarkeit eines einmal aufgeschriebenen Signals liefert die sogenannte Blauschriftröhre, in der eine dünne Speicherschicht aus Kaliumchlorid enthalten ist, die sich blau verfärbt, wenn der Elektronenstrahl auftrifft. Der geringe Kontrast solcher Bilder läßt sich mit fernsehtechnischen Mitteln (Punktlichtabtastung) erhöhen (Skototron).

In letzter Zeit sind auch Sichtspeicherröhren mit Ladungsspeicherung entwickelt worden (KNOLL u. Mitarb. [1]) und bereits

---

[1] Auszug aus dem Vortrag.

auf dem Markt erhältlich. Die Röhre (Abb. 1) enthält ein Speichergitter, ein Metallgitter mit Isolatorauflage, auf das ein positives Ladungsbild aufgebracht wird. Das an verschiedenen Stellen verschieden stark aufgeladene Gitter steuert dann einen diffusen parallelen Elektronenstrom, der je nach der Ladung auf dem Speichergitter durch das Gitter hindurchtreten kann oder nicht, nach dem Durchtritt auf etwa 10 kV beschleunigt wird und das Ladungsbild auf einem Leuchtschirm wiedergibt. Da das Speicher-

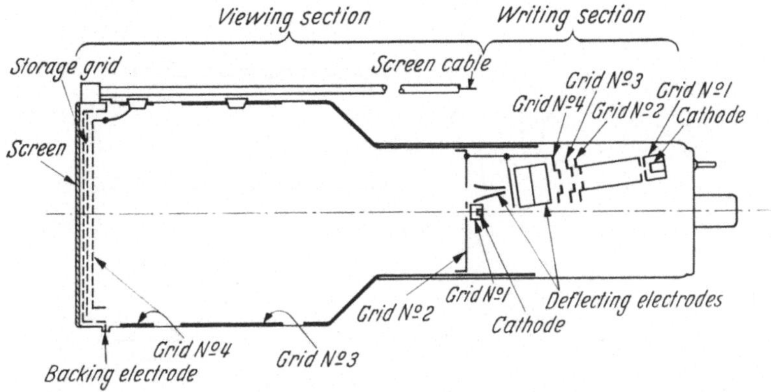

Abb. 1. Bildspeicherröhre 6866 der RCA. Mit dem schräg angeordneten Elektronenstrahlerzeugungssystem wird ein Ladungsbild auf das Speichergitter (storage grid) geschrieben. Nach dem Ende des Schreibvorganges kann die Ladungsverteilung auf dem Speichergitter mit dem zweiten Strahlerzeugungssystem auf dem Leuchtschirm (screen) sichtbar gemacht werden. (Abbildung entnommen aus dem RCA-Katalog RCA Photosensitive Devices and Cathode-Ray Tubes)

gitter die hindurchtretenden Elektronen nur steuert und nicht annimmt, hält sich das Bild eine lange Zeit. Man sieht, daß technisch brauchbare Lösungen in Zukunft zur Verfügung stehen, um das flüchtige Signal der einmaligen Auswertung einer Speicherladung sofort und längere Zeit der Beobachtung zugänglich zu machen.

Nun zu den photoelektrischen Speicherröhren selbst: Als Beispiele für Spezialröhren sollen zwei Vorschläge von McGee [2], [3] gezeigt werden. Die eine Röhre (Abb. 2) enthält lediglich eine Photoemissionsschicht und eine Speicherplatte, in elektronenoptischer Abbildung verbunden. Die Abtastung geschieht von außen mit Hilfe eines wandernden Lichtpunktes auf der Photokathode. Es wird abwechselnd das zu speichernde Bild und das Abtastraster einer Kathodenstrahlröhre auf die Photokathode

geworfen; während der Abtastung liefert die Röhre die den gespeicherten Ladungen entsprechenden Signale, die an der „Signal-
platte" der Speicherschicht abgenommen werden. Diese Röhre hat
eine besonders einfache Konstruktion.

Der zweite Vorschlag von McGee (Abb. 3) ähnelt dem Aufbau
des Superorthikons (Image-Orthikon), nur ist die diffizile schwach
leitende dünne Speicherplatte, die dem Betrieb mit $^1/_{25}$ sec Speicherzeit angepaßt ist, durch eine drehbare Speicherplatte robuster

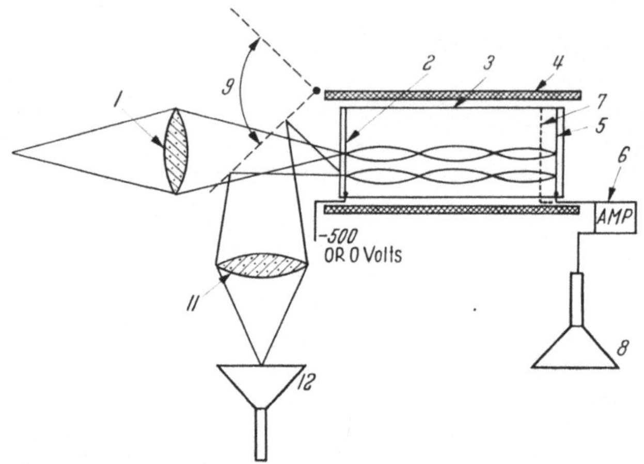

Abb. 2. Bildspeicherröhre nach McGee. *2* Photokathode, *4* Magnetspule, *5* Speicherplatte,
6 Signalverstärker, *7* Auffanggitter für Sekundärelektronen, *8* Bildröhre, *9* Klappspiegel,
12 Lichtpunktabtaströhre. (Abbildung entnommen aus Z. Kopal, Astronomical Optics,
S. 218. Amsterdam: North Holland Publ. Co. 1956)

Konstruktion und größerer Kapazität ersetzt, die von der einen
Seite aufgeladen, dann gedreht und von der anderen Seite mit
langsamen Elektronen abgetastet wird. Infolge der größeren
Kapazität der Speicherplatte können die beim Image-Orthikon so
sehr störenden Nachbarschaftseffekte kleingehalten werden.

Diese kurz geschilderten Beispiele zeigen Möglichkeiten auf, je
nach dem speziellen Einsatz wird man weitere Varianten in Bau-
form und Betriebsweise finden. Nicht immer wird die kostspielige
Entwicklung neuer Röhren erforderlich sein, oft wird man in der
Fernsehtechnik vorhandene Typen in geeignet angepaßter Betriebsweise verwenden können. Als Beispiel sei auf die Impulslade-
technik der Superikonoskopröhre verwiesen [4].

Eine wichtige Frage für den Entwurf neuer Röhren ist, ob ein
Elektronenvervielfacher zur Signalverstärkung im Innern enthalten sein soll oder nicht. Die Auswertung der im ersten Vortrag

(Grundlagen der Fernseh-Ladungsspeicherröhren) angegebenen quantitativen Beziehungen ergibt, daß dies bei Wahl einer optimalen Abtastgeschwindigkeit und hinreichend großer Ladungsmenge (z.B. Gesamtkapazität von 5000 pF auf 2 V aufgeladen) nicht nötig ist. Andererseits ist bei Auswertung sehr kleiner Ladungsmengen eine elektronische Vorverstärkung des Signals in der

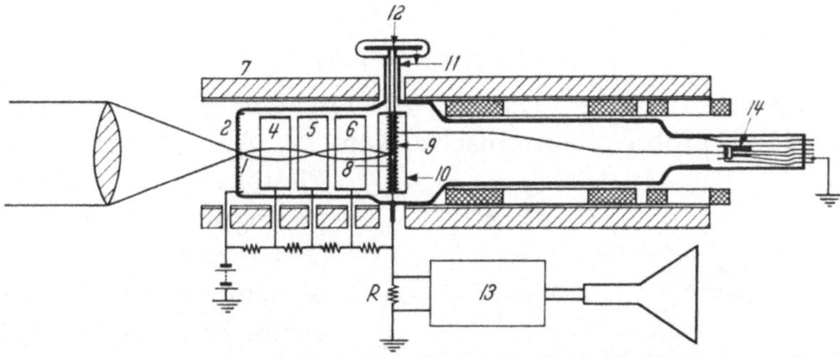

Abb. 3. Bildspeicherröhre nach McGEE. *1* Photokathode, *2* Glasfenster, *4—6* Beschleunigungselektroden, *7* Magnetspule, *8—9* drehbare Speicherplatte, *10* Auffangnetz für Sekundärelektronen, *11—12* Drehvorrichtung, *13* Signalverstärker, *14* Abtastelektronenquelle. (Abbildung entnommen aus F.B. WOOD, The Present and Future of the Telescope of Moderate Size, S. 41. Philadelphia: Univ. Pennsylvania Press 1958)

Röhre unerläßlich, wenn die Störschwankungen auf diejenigen der Ladungsmenge selbst und des Abtaststroms beschränkt bleiben sollen.

Literatur

[1] KNOLL, M., and B. KAZAN: Viewing storage tube. Adv. Electronics and Electron Physics **8**, 447—501 (1956). — [2] McGEE, I.D.: Photoelectronic aids in astronomy, in: Z. Kopal, Astronomical Optics, S. 205. Amsterdam 1956. — [3] McGEE, I.D.: Photoelectronic problems in astronomy, in: F.B. WOOD, The present and Future of the Telescope of Moderate Size, S. 31. Philadelphia: Univ. Pennsylv. Press 1958. [4] THEILE, R., and F. H. TOWNSEND: Improvements in image iconoscopes by pulsed biasing the storage surface. Proc. Inst. Rad. Engrs. **40**, 146—154, (1952).

J. Dachs (Tübingen): Kurzbericht über amerikanische, englische und französische Arbeiten zur Verwendung von Bildspeicherröhren und Bildverstärkern bei astronomischen Beobachtungen[1]. (Mit 3 Textabbildungen.)

1. Elektronische Photographie

Die von LALLEMAND (Paris) 1936 vorgeschlagene und seit 1951 praktisch erprobte elektronische Kamera (Abb. 1) enthält eine Photokathode und eine photographische Emulsion (Platte oder Film) in einem demontierbaren Vakuumgefäß. Die von der Photokathode ausgelösten Elektronen werden elektronenoptisch auf die photographische Schicht fokussiert und dabei so stark (mit 20 bis 30 kV) beschleunigt, daß jedes Elektron ein entwickelbares Korn liefert. Dadurch wird etwa ein Faktor 50 in der Empfindlichkeit gegenüber der direkten Photographie gewonnen, jedoch muß für jede Aufnahmereihe eine neue, in einem eigenen Glasgefäß vorgefertigte Photokathode zusammen mit dem Magazin für photographische Platten in die Röhre eingesetzt werden. Nach dem Evakuieren der Röhre und dem Verdampfen des Getters wird dann unmittelbar vor Beginn der Exposition in der Röhre die innere Glashülle um die Photokathode zerbrochen. Durch den Lufteinlaß beim Herausnehmen der belichteten Photoplatte wird die Photokathode zerstört; während der Dauer der Expositionen (bis zu

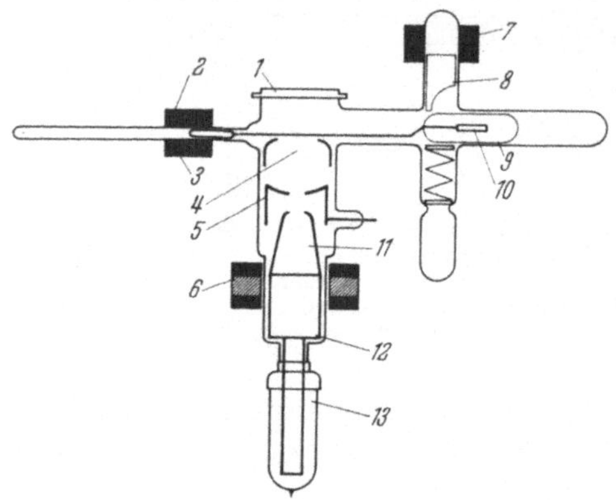

Abb. 1. Schema der elektronischen Kamera nach LALLEMAND. *1* Fenster für den Lichteintritt, *10* Photokathode in der abgeschmolzenen Glaskapsel (*9*), *8* Hammer zum Zertrümmern der Kapsel, betätigt durch Magneten (*7*), *2* Spule, *3* Eisenstift, um die Photokathode in die Arbeitsstellung (*4*) zu ziehen, *5* und *11* elektronische Linse, *12* Kassette mit Photoplatte, *13* Behälter mit flüssiger Luft. (Entnommen aus G. DE VAUCOULEURS, La photographie astronomique, Paris 1958)

---

[1] An Stelle des bei dem Kolloquium gehaltenen Vortrages von R. KÜHN, München, dessen Manuskript nicht eingegangen ist und der nach der Tonbandaufnahme nicht zu reproduzieren war.

30 min) bleibt aber ihre Empfindlichkeit trotz der allmählichen Vergiftung des Vakuums durch die Gasabgabe der Photoplatten hinreichend hoch. LALLEMAND verwendet seine elektronische Kamera auch zur Photographie der Spektren lichtschwacher Sterne; die Auflösung auf der photographischen Schicht beträgt 15 μ ([1] bis [3]).

Ähnliche Aufnahmeröhren wurden von HILTNER ([1] bis [4]) an der Yerkes-Sternwarte (Abb. 2) und von der Arbeitsgruppe von BAUM, FORD und HALL ([2], [5]) in Flagstaff erprobt. Bei diesen wird die Vergiftung der Photokathode weitgehend durch eine etwa 1000 Å dicke Aluminium- oder Aluminiumoxydfolie dicht vor der photographischen Schicht verhindert. Durch eine Vakuumschleuse kann die Photoplatte gewechselt werden. Die Auflösung auf der Photoplatte beträgt infolge der Zerstreuung der Elektronen in der Folie nach HILTNERS Angabe aber nur etwa 20 Linienpaare/mm.

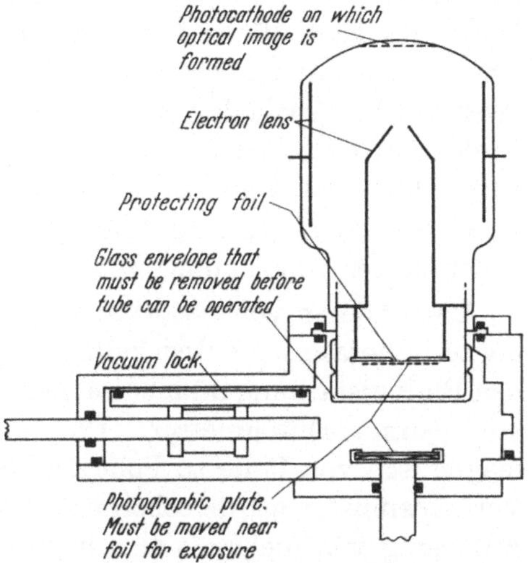

Abb. 2. Schema einer elektronischen Kamera nach HILTNER. [Entnommen aus Astrophys. J. **123**, 368, 1956]

Bei Belichtungszeiten von einigen Sekunden erreicht man ebenfalls eine Steigerung der Empfindlichkeit gegenüber direkter Photographie um einen Faktor 50; bei längerer Exposition stört die Verschleierung der Platte infolge der Feldemission des Cäsiums der Photokathode, die nur durch niedrigere Arbeitsspannungen an der Röhre (unter 15 kV) oder Cs-freie Photokathoden vermindert werden kann.

2. Bildwandler mit Leuchtschirm

Ersetzt man wie üblich die Photokathode im Bildwandler durch einen Leuchtschirm, so kann man entweder Kontaktaufnahmen des Leuchtschirmbilds herstellen, wobei aber wegen der Dicke des Fensters zwischen dem Leuchtschirm im Innern und der Emulsion außerhalb der Röhre eine Einbuße an Auflösung eintritt, oder man muß bei Verwendung einer Optik zwischen Leuchtschirm und Photoplatte wieder einen beträchtlichen Lichtverlust in Kauf nehmen. Will man den Vorteil der höheren Quantenausbeute der Photokathode des Bildwandlers gegenüber der direkten Photographie voll ausnutzen, muß, wie sich gezeigt hat, das Bild im Innern des Bildwandlers nochmals verstärkt werden. Sowohl McGEE [2] als auch BAUM, FORD, HALL und TUVE [6] berichten über Versuche mit zweistufigen Bildwandlern, bei denen die von einer Multialkaliphotokathode ausgehenden Elektronen der ersten Stufe auf eine dünne Membran abgebildet werden, die auf der einen Seite mit einem Leuchtschirm, auf der anderen mit einer zweiten Photokathode versehen ist. Der Leuchtschirm der zweiten Stufe wird mit einer lichtstarken Optik photographiert. Die Bildverstärkung ist beim Bildwandler von BAUM etwa vierfach bei einer Auflösung von 10 Linien/mm und einem nutzbaren Bilddurchmesser von 6 mm.

Ein anderer von STERNGLASS [2] u. Mitarb. in den Westinghouse-Laboratorien entwickelter Bildwandlertyp benutzt zur internen Bildverstärkung dünne, frei gespannte Sekundäremissionsfolien von 25 mm Durchmesser. Die ausgelösten Elektronen werden magnetisch von Folie zu Folie fokussiert. Mit einem sechsstufigen Versuchsmuster wurde schon eine 1000fache Verstärkung bei einer Auflösung von mehr als 10 Linien/mm erreicht.

Von den zahlreichen Versuchen mit Infrarot-Bildwandlern sind vor allem die russischen Arbeiten am Sternberg-Institut (Himmelsaufnahmen, Messungen von infraroten Farbindizes und Koronographenbeobachtungen) sowie die Infrarot-Nachthimmelsspektroskopie von KRASSOWSKY zu erwähnen ([1], [2]).

3. Fernsehverfahren

Die Bildspeicherröhren mit elektronischer Bildabtastung von McGEE ([1] bis [3]) sind schon im Vortrag von Dr. THEILE (S. 50) beschrieben worden.

Die Möglichkeiten der Verwendung industrieller Kameraröhren (Orthikon und Image-Orthikon) bei astronomischen Untersuchungen wurden von zahlreichen Arbeitsgruppen studiert. Insbesondere sollten sich wegen der möglichen kürzeren Belichtungszeit von $1/25$ bis $1/30$ sec am Bildschirm normaler Fernsehanlagen Aufnahmen z.B. des Planeten Mars erzielen lassen, die wegen des kleineren Szintillationseinflusses schärfer sind als bei direkter

Photographie; doch ist dies bisher bei allen verwendeten Röhren am zu kleinen Signal-zu-Rausch-Verhältnis beim einmaligen Abtasten eines gespeicherten Bildes gescheitert ([1], [2]). Die Ursache des starken Rauschens, das Schrotrauschen des schwachen Abtastelektronenstromes in der Speicherröhre, wird erst bei einer von MORTON u. Mitarb. bei der RCA entwickelten Abtaströhre ([1], [2]) ausgeschaltet, in welcher die von der Photokathode ausgelösten Elektronen vor der Speicherung auf der Speicherplatte durch zwei Verstärkerfolien etwa 100fach nahezu rauschfrei verstärkt werden

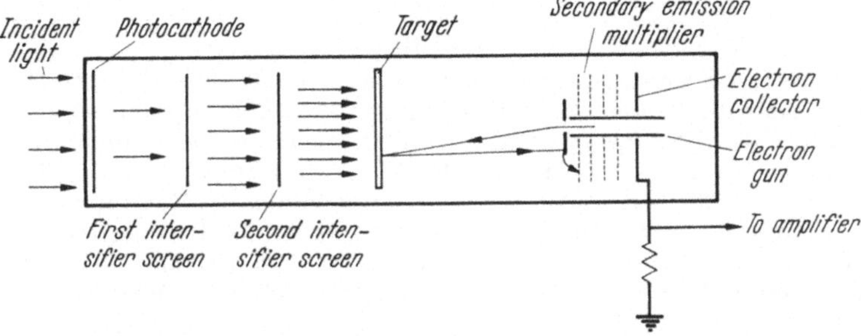

Abb. 3. Schema des Intensifier-Orthikons der RCA. Zwischen der Photokathode und der Speicherfolie (target) befinden sich zwei Verstärkerfolien. Jede Folie gibt für ein von links auftreffendes Elektron etwa zehn Elektronen nach rechts weiter. Die Elektronen werden von Folie zu Folie fokussiert. Die Abtasteinrichtung arbeitet wie beim Superorthikon. [Entnommen aus Trans. Internat. Astron. Union 9, 679 (1955)]

(Intensifier-Orthikon, Abb. 3). Die Verstärkerfolien bestanden in der ersten Ausführung aus einem Glasträger mit Leuchtschirm und Photokathode; bei einer Beleuchtungsstärke von 10^{-5} Lux auf der Photokathode ließen sich Bilder mit 400 Zeilen übertragen. Über die weitere Entwicklung sind bisher keine genauen Einzelheiten bekannt.

Bei allen vorher genannten Speicherverfahren kann nun zwar die Belichtungszeit für photographische Aufnahmen verkürzt, aber nicht die durch die Untergrundhelligkeit des Nachthimmels bedingte Grenze der Reichweite der astronomischen Instrumente gesteigert werden; doch ist es durch zusätzliche Einrichtungen in der Speicherröhre oder der Elektronik der Bildsignalwiedergabe prinzipiell auch möglich, eine gleichmäßige Untergrundhelligkeit vom übrigen überlagerten Bildsignal zu subtrahieren. LIVINGSTONE in Berkeley unterdrückt den Untergrund durch gleichmäßige Berieselung der positiven Ladungsverteilung auf der Speicherplatte des Image-Orthikons mit langsamen Elektronen [2]. GEBEL und WYLIE [7] berichten über ihre Erfolge an der Weaver-Sternwarte mit einer sehr empfindlichen, nicht näher beschriebenen Aufnahmeröhre, die gemeinsam von der RCA und der Westinghouse Corporation entwickelt wird und mit der sie mit einem Refraktor von 25 cm Öffnung bei Tage durch elektronisches Abschneiden der Himmelshelligkeit Planeten und Sterne bis zur 10. Größe am Bildschirm mit $^1/_{30}$ sec Belichtungszeit aufnehmen konnten; sie hoffen, mit einer verbesserten Röhre dieser Art bei 100 sec Speicherzeit und gekühlter Photokathode am 5 m-Mt. Palomar-Spiegel Sterne 26. Größe erreichen zu können.

Literatur

[1] Trans. Internat. Astron. Union 9, 673 (1955). — [2] Draft Reports Internat. Astron. Union, Moscow Meeting 1958, Sub—Commission 9a. — [3] Wood, F.B.: The Present and Future of the Telescope of Moderate Size. Philadelphia 1958. — [4] Miller, R.H., W.A. Hiltner and J. Burns: Astrophys. J. 123, 368 (1956). — [5] Baum, W.A., W.K. Ford and J.S. Hall: Astron. J. 63, 47 (1958). — [6] Tuve, M.A., W.K. Ford, J.S. Hall and W.A. Baum: Publ. Astr. Soc. Pacific 70, 592 (1958). — [7] Gebel, R.K.H., and L.R. Wylie: Sky and Telescope 18, 84 (1958).

Diskussionsbemerkungen

A. Krohs (Jena): Sekundär-Emissions-Vervielfacher und Bildwandler. (Mit 2 Textabbildungen.)

Die Forderungen, die auf dieser Tagung bezüglich der verschiedenen Strahlungsempfänger zur Diskussion gestellt und von mehreren Vortragenden erörtert wurden, greifen unmittelbar in die Konstruktionsprinzipien der Strahlungsempfänger ein.

Was den SEV betrifft, so sind folgende Fragenkomplexe von Interesse:

1. Signal-Rausch-Verhältnis.

2. Gleichmäßigkeit der Photokathode.

Wir wollen vom Standpunkt der Entwicklung der SEV hierzu einige Bemerkungen machen.

Zu 1. Bekanntlich [1] ist das Signal-Rausch-Verhältnis

$$\sigma = \frac{\gamma \cdot I_{\mathrm{Ph}}}{[2e\,\Delta f\,\alpha^2\,(I_{\mathrm{Ph}} + I_{\mathrm{Th}})]^{\frac{1}{2}}}$$

mit γ = Modulationskoeffizient des Lichtes,

$\quad e$ = Elektronen-Ladung,

$\quad \Delta f$ = Bandbreite,

als vom SEV unabhängige Konstanten und

$\quad \alpha^2$ = Beitrag des SE-Systems zum Rauschen,

$\quad I_{\mathrm{Th}}$ = Thermischer Dunkelstrom der Photokathode,

$\quad I_{\mathrm{Ph}}$ = Photostrom der Photokathode,

als durch die Konstruktion beeinflußbare Konstanten.

Dabei ist α^2 wesentlich durch das SE-System gegeben. Für die Verringerung von I_{Th} bietet sich z. B. die Möglichkeit der Kühlung an, wie sie bei dem SEV unseres Werkes vom Typ M 13 gek. gegeben ist [2]. Will man davon keinen Gebrauch machen, so ist der Dunkel-Gleichstrom von Interesse. Wir teilen hierzu eine Statistik über die Dunkelströme einer Anzahl von SEV vom Typ M 12 FS 35 mit [3], die ohne Auslassung aus der laufenden Produktion entnommen sind. Daraus ist erkenntlich, daß bei sorgfältiger Konstruktion die Grenze des physikalisch Möglichen erreicht werden kann (Abb. 1).

Für die Bewertung von I_{Ph} muß man bemerken, daß darunter der Anteil des Photostromes zu verstehen ist, der in das SE-System eintritt, also

$$I_{\mathrm{Ph}} = \Phi \cdot \eta \cdot f$$

mit Φ = auftretender Lichtstrom,

η = Quantenausbeute der Photokathode,

f = Überführungskoeffizient für die Überführung der Photoelektronen von der Photokathode in das SE-System.

Die Bedeutung des Überführungskoeffizienten wurde ursprünglich bei der Entwicklung von Photovervielfachern für photometrische Zwecke noch nicht genügend beachtet [4]. Der Einsatz des SEV für die γ-Spektrometrie mit Hilfe von Szintillations-Zählern forderte $f = 1$, da f unmittelbar für das Energie-Auflösungsvermögen maßgebend wurde. Die Erfahrungen, die bei der Konstruktion der Photovervielfacher für szintillations-spektrometrische

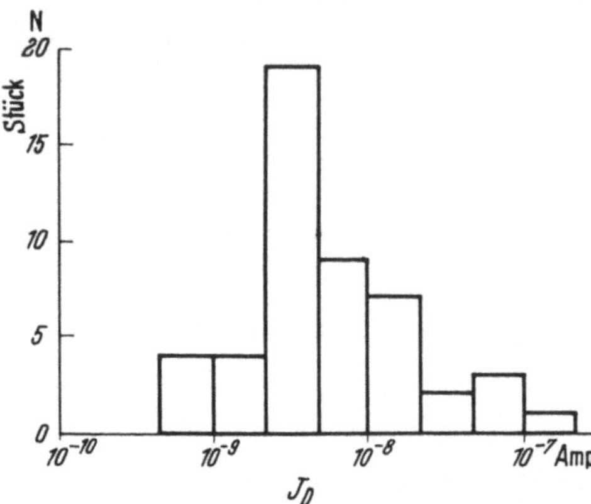

Abb. 1. Häufigkeitsverteilung der Dunkelströme von Vervielfachern des Typs M 12 FS 35

Zwecke gesammelt wurden, kommen heute auch den photometrischen Photovervielfachern zugute. Der SEV M 12 FS 35 [3] soll beiden Zwecken dienen und garantiert auf diese Weise optimale Signal-Rausch-Verhältnisse.

Man wird einwenden, daß dieser entscheidende Vorteil durch einen Nachteil des Szintillations-SEV wieder aufgehoben wird: Die Szintillations-SEV haben größere Kathoden, als für photometrische Zwecke notwendig ist, so daß ein größerer thermischer Emissionsstrom I_{Th} die Messung störend beeinflußt. Aus diesem Grunde wurde für den M 12 FS 35 und seine Paralleltypen M 12 F 35 (AgO-Cs-Kathode) und M 12 FQS (mit Quarzfenster) ein elektronenoptisches System eingesetzt, mit dem die wirksame Kathodenfläche geregelt werden kann. Das ist im Prinzip das gleiche System, wie es schon beim SEV M 12 FS [5] verwendet wurde. Die Abb. 2 zeigt die Wirkung dieses elektronenoptischen Systems. Die Aufnahmen wurden gewonnen, indem die Photokathode mit einem Lichtpunkt von 0,5 mm Durchmesser abgetastet und der

Anodenstrom des SEV verstärkt auf die Platten eines Oszillographen gegeben wurde [5]. Man erkennt, daß bei ein und demselben SEV je nach Einstellung der Potentiale am elektronenoptischen System entweder die ganze Photokathode oder nur ein

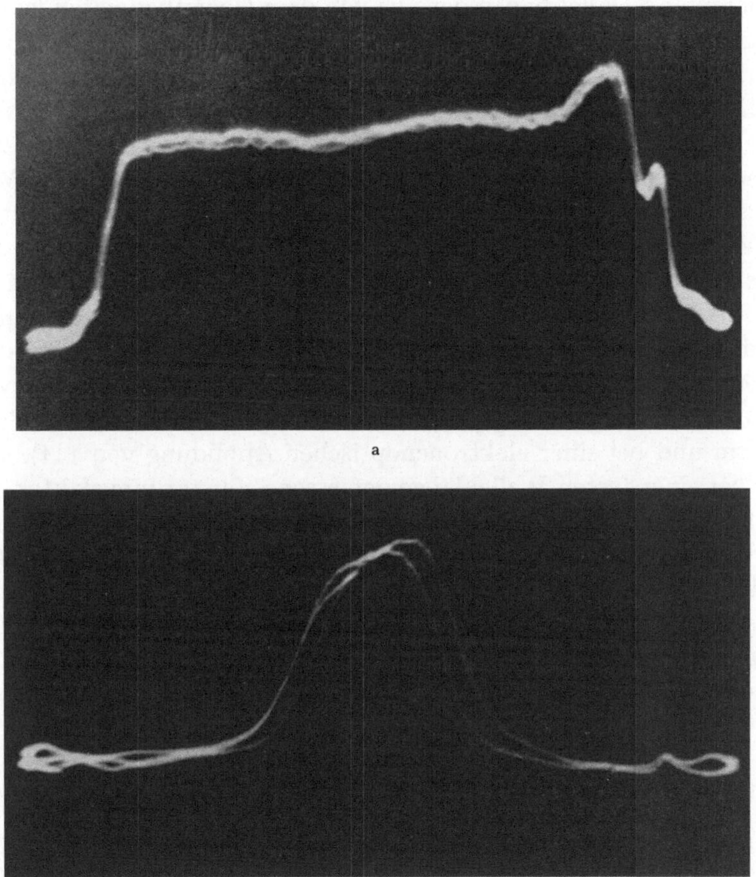

Abb. 2 a und b.   Empfindlichkeitsverteilung über die Photokathode beim SEV M 12 FS 35 bei verschiedenen Einstellungen des elektronenoptischen Systems. a Verwendung als Szintillationszähler; b Verwendung zur Photometrie

zentraler Teil wirksam ist (und zwar mit $f > 90\,\%$). Das bedeutet aber auch, daß im zweiten Fall die thermischen Elektronen der Randgebiete unwirksam sind. Sie werden von speziellen Elektroden der Elektronen-Optik am Eingang des SEV weggefangen.

Zu 2.: Aus Abb. 2 ist zu erkennen, daß ohne weiteres eine Gleichmäßigkeit der Photokathode von $\pm\,6\,\%$ erreichbar ist.

Zur Frage der Lichtverstärkung von Bildwandlern haben wir in unserer Veröffentlichung „Über serienmäßig hergestellte Bildwandler und die Möglichkeit der Charakterisierung ihrer Strahlungsverstärkerwirkung" [Z. angew. Physik **9**, 561—566 (1957)] Stellung genommen. Dabei haben wir uns von dem Gedanken leiten lassen, eine möglichst universell verwendbare Definition für den Verstärkungsfaktor zu geben. Es erschien uns sinnvoll, von den lichttechnischen Einheiten keinen Gebrauch zu machen, sondern direkt die Strahlungsleistung oder die Photonenzahl zu verwenden. Wir haben deshalb als Verstärkungsfaktor für Bildwandler das Verhältnis der sekundär (also vom Leuchtschirm) abgestrahlten Energie in Watt zu der primär (also auf der Photokathode) einfallenden Energie in Watt bzw. das Verhältnis der sekundären zur primären Photonenzahl definiert. So haben wir z. B. bei Beleuchtung eines Bildverstärkers, der eine Cs-Sb-Kathode besitzt, mit monochromatischem Licht der Wellenlänge 530 nm Verstärkungsfaktoren von 10 bis 20 $\mathrm{Watt_{sec}/Watt_{prim}}$ gemessen (bei grün leuchtendem Bildschirm und bei einer elektronenoptischen Abbildung von 1:1). Da der bei einer festen Wellenlänge gemessene Verstärkungsfaktor der spektralen Verteilung der Quantenausbeute der Photokathode proportional ist, kann man auch die entsprechenden Faktoren für andere Wellenlängen oder für nicht-monochromatische Beleuchtung berechnen. Bei Kenntnis der entsprechenden spektralen Verteilungen kann man natürlich auch auf lichttechnische Einheiten (etwa asb/lm) umrechnen.

Literatur

[1] Siehe z. B. die ausführliche Analyse bei W. HARTMANN u. F. BERNHARD: Fotovervielfacher. Berlin: Akademie-Verlag 1957. — [2] GÖRLICH, P., u. L. SCHMIDT: Nachrichtentechnik **5**, 306 (1955). — [3] GÖRLICH, P., A. KROHS, H.-J. POHL, R. REICHEL u. L. SCHMIDT: Z. angew. Phys. **10**, H. 7 (1958). — [4] NARAY, Zs.: Acta phys. hung. **5**, 159 (1955). — [5] GÖRLICH, P., A. KROHS, H.-J. POHL u. L. SCHMIDT: Exp. Tech. Physik **5**, 1 (1957).

Abschließende Diskussion zu allen Vorträgen[1]

Siedentopf: (Mit 1 Textabbildung.) Ich eröffne die Diskussion und möchte noch einmal das Grundschema der Wiedergabe von Intensitätsverteilungen, z. B. in Sternfeldern an die Tafel malen. Ich schlage vor, daß wir dann an Hand dieses Schemas diskutieren (Abb. 1).

Wir haben eine gewisse Intensitätsverteilung $i(x, y)$ über das Sternfeld, die von zwei Koordinaten x und y abhängt. Als Folge

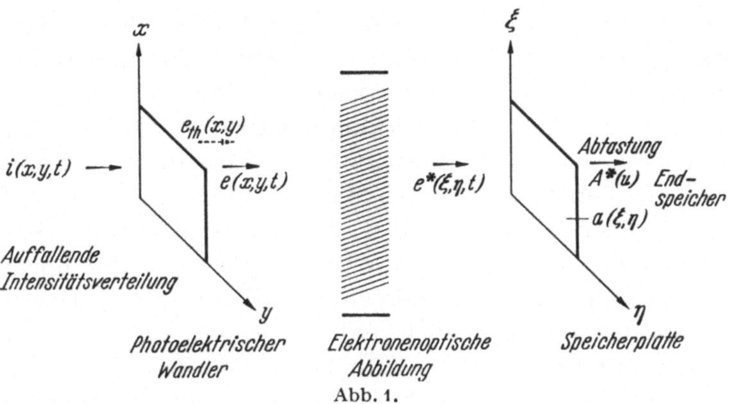

Abb. 1.

der atmosphärischen Szintillation tritt eine Modulation mit der Zeit t hinzu. Diese Intensitätsverteilung bilden wir optisch auf einen lichtelektrischen Wandler mit der Empfindlichkeit $E(x, y)$ ab und erhalten von dort ausgehend eine Elektronenverteilung $e(x, y, t) = i(x, y) \cdot E(x, y, t) + e_{\mathrm{th}}(x, y)$, wobei noch die thermische Emission der Photokathode $e_{\mathrm{th}}(x, y)$ zu berücksichtigen ist. Diese Elektronenverteilung $e(x, y, t)$ bringen wir durch elektronenoptische Abbildung auf einen Speicher. Dieser Speicher ist bei LALLEMAND und HILTNER unmittelbar eine photographische Platte, bei den Bildspeicherröhren, z. B. beim Super-Orthikon, eine Glasfolie, es kann sich auch um einen beliebigen anderen Speichervorgang handeln. Auf diesem Speicher erzielen wir eine Intensitätsverteilung $a(\xi, \eta)$, die bestimmt wird durch die auffallende Verteilung $e^*(\xi, \eta, t)$, wobei über die Speicherzeit T integriert wird; die Koordinaten auf der Speicherplatte seien ξ, η. Die auf der

---

[1] Nach der Bandaufnahme hergestellte und von einigen Diskussionsteilnehmern ergänzte Fassung.

Speicherplatte ankommende Verteilung braucht nicht genau proportional der an der Photokathode weggehenden Verteilung $e(x, y)$ zu sein. Außerdem wird der Speicher eine gewisse Gedächtnisfunktion $f(t)$ und eine bestimmte Verschmierung der Koordinaten zeigen, die wir durch eine Gewichtsfunktion $g(\Delta\xi, \Delta\eta)$ beschreiben wollen, wobei $\Delta\xi$ und $\Delta\eta$ die Abstände vom Bildpunkt darstellen; über $\Delta\xi$ und $\Delta\eta$ und über die Zeit t muß dann integriert werden:

$$a(\xi, \eta) = \int_0^T \iint_{\Delta\xi, \Delta\eta} e^*(\xi, \eta, t)\, f(t)\, g(\Delta\xi, \Delta\eta)\, d\Delta\xi\, d\Delta\eta\, dt.$$

Dies ist jetzt die Intensitätsverteilung im Speicher.

Der nächste Schritt ist die Ablesung des Speichers. Bei einer photographischen Platte ist diese Auswertung eine Laboratoriumstätigkeit; die verschiedenen Systeme und Vorrichtungen der Ablesung bei Speicherplatten im Vakuum haben wir im Lauf der Vorträge kennengelernt. Diese Ablesung wird in einem zweiten Speicher aufgezeichnet, wo die räumliche Verteilung $a(\xi, \eta)$ auf der ersten Speicherplatte nun als Zeitfunktion erscheint, etwa als Amplitude $A(\tau)$ ($\tau = $ Zeit), die dann ihrerseits wieder umgesetzt wird in die Funktion einer anderen Koordinate $A^*(u)$. Der zweite Speicher kann natürlich auch anders ausgebildet sein; wenn ich mich etwa nur für die Zahl, nicht für die Position der Sterne im Gesichtsfeld interessiere, so brauche ich nur die aus dem ersten Speicher herauskommenden Impulse zu zählen; dann ist der zweite Speicher eine Zählanordnung.

Ich glaube, daß dieses Schema unser Problem ausreichend charakterisiert und möchte vorschlagen, daß wir in der Diskussion der Reihe nach zuerst die Umsetzung an der Photokathode, dem lichtelektrischen Wandler, betrachten, dann den Übergang (die Abbildung) von der Photokathode zum Speicher und die Verluste und Verzerrungen, die dabei eintreten können, und endlich den Speichervorgang und die Verschmierungen, die auf der Speicherplatte auftreten, sowie die wesentliche Frage der erreichbaren Speicherzeit. Denn nur mit Speicherzeiten von der Größenordnung der Dauer einer photographischen Aufnahme können wir unter Ausnützung der höheren Quantenausbeute der Photokathoden einen Gewinn gegenüber der photographischen Aufnahme erzielen.

Ich möchte Sie also bitten, sich zunächst über die Frage des lichtelektrischen Wandlers und die damit verbundenen Fehlerquellen zu äußern.

Behr: Wir wissen alle, daß die Photokathoden von Photomultipliern große Inhomogenitäten aufweisen, und ich nehme an, daß die Photokathoden von Fernsehröhren das gleiche tun. Wieweit ist das untersucht?

Heimann: Bei Fernsehkathoden fallen die Inhomogenitäten für das Auge nicht ins Gewicht. Genaue Untersuchungen sind mir allerdings nicht bekannt, man müßte die Kathoden elektronenmikroskopisch untersuchen.

Siedentopf: Heißt das, daß die Ausbeute der Photokathoden $E(x, y)$ mit der von uns gewünschten Genauigkeit von 1 % konstant gehalten werden kann?

Heimann: Ja, über Flächen der Größenordnung Quadratmillimeter.

Siedentopf: Wir sind natürlich mehr interessiert an Flächen von der Größenordnung Quadratzentimeter. Die Erfahrungen bei Multiplierphotokathoden von mehreren cm² Fläche gehen dahin, daß die Empfindlichkeit über die Fläche hin variiert im Verhältnis etwa 1:10 bei schlechten und 1:2 bei guten Kathoden.

Behr: Ich darf vielleicht über meine letzten Messungen an der besten Photokathode berichten, die mir von der Industrie (E.M.I.) angeboten wurde und die besonders homogen sein sollte. Ich habe sie untersucht in Flächenelementen von etwas weniger als 1 mm² über eine Fläche von 1 cm². Dabei betrugen die größten Schwankungen etwa 30 % um den Mittelwert.

Theile: Zweifellos sind die Fernsehkathoden besser auf Homogenität gezüchtet als die Multiplier-Photokathoden, die nur einen Integralstrom liefern sollen. Fernsehkathoden sind so gut, daß die Inhomogenitäten bei Weiß nicht stören. Schätzungsweise betragen die Inhomogenitäten bei konventionellen Fernsehröhren etwa 10 % über einige cm². Die Fernseh-Photokathoden werden ja durch Verdampfung von einem Verdampfungszentrum weit weg oder von einem Ring aus hergestellt. Allerdings ist das Auge im Fernsehbild viel empfindlicher gegen Ungleichmäßigkeiten im Schwarzbild als im weißen. Ich nehme aber an, daß sich die Photokathoden noch etwas werden züchten lassen und einige Prozent erreicht werden könnten. Außerdem besteht natürlich die Möglichkeit, daß man diesen Fehler durch eine einmalige Messung über die Fläche der

Photokathode hin ermittelt und bei späteren Messungen berücksichtigt.

Siedentopf: Wie weit kann man sich auf die zeitliche Konstanz dieses Korrekturfaktors verlassen? Ist die Quantenausbeute nicht auch eine Funktion der Zeit?

Theile: Die Eichung hat für einige Tage Gültigkeit. Man muß natürlich dafür sorgen, daß die Kathode nicht starken thermischen Spannungen ausgesetzt, erhitzt und wieder abgekühlt wird; ungestört bleibt sie sehr lange konstant; sonst dampft Alkalimetall ab und kondensiert wieder an anderen Stellen. Es ist ja bekannt, daß Fernsehaufnahmeröhren bei Außenaufnahmen auch bei großen Temperaturschwankungen gut arbeiten.

Siedentopf: Die erreichbare Homogenität hängt natürlich von der Größe der Photokathode ab; eine homogene Fläche von 10 cm² wäre für astronomische Zwecke erwünscht, um etwa im Cassegrain-Fokus eines Spiegels arbeiten zu können.

N. N.: Bei einem Vervielfacher für Szintillationszählung kamen wir über einen Durchmesser von 3 cm auf Schwankungen von etwa 10% der Empfindlichkeit, und als wir die Messungen nach einigen Tagen, in denen der Multiplier ohne große Temperaturschwankungen im Schrank lag, wiederholten, lagen die Werte etwa 2% über oder unter den alten Messungen. Eine wesentliche Rolle spielt noch der innere Widerstand der Photokathode. Zweckmäßig muß man eine leitfähige Unterlage aufbringen, die die Inhomogenitäten im inneren Widerstand ausgleicht, um sehr gleichmäßige Photokathoden zu bekommen.

Heimann: Ich glaube, daß wir in der Lage sind, sehr gleichmäßige durchsichtige Schichten herzustellen, doch hat die Erfahrung gezeigt, daß, wenn wir diese Schichten als Unterlage für Photokathoden verwenden, neue wesentliche Inhomogenitäten auftreten. Andererseits ist es möglich, den Widerstand der Caesium-Antimon-Schichten ziemlich niedrig zu halten.

Schroeter: Es interessiert mich, einmal statt von Caesium-Photokathoden von Halbleiter-Photokathoden zu sprechen, etwa von Antimon-Trisulfid oder von dem außerordentlich gut definierten Zinkoxyd, das eine besonders kleine Dunkelleitfähigkeit hat.

Heimann: Die Konstanz dieser Photokathoden haben wir noch nicht messen können. Das wäre eine Diplomarbeit.

N. N.: Für die Herstellung von großen gleichmäßigen Photokathoden liegt hier ein ähnliches Problem vor wie bei der Röntgenbildverstärkung, wo man heute schon Photokathoden von 12 und sogar 30 cm Durchmesser verwendet. Die Homogenität der Empfindlichkeit dürfte schätzungsweise bei diesen Kathoden 10 % betragen.

Heimann: Ich möchte sagen, daß wir zunächst mit einer Homogenität der Empfindlichkeit über die Kathodenfläche von etwa 5 % rechnen sollten.

Schroeter: Man müßte verbesserte Aufdampfmethoden entwickeln. Bei der Herstellung der Interferenzfilter, wo man sehr konstante Schichtdicken haben muß, läßt man die Filter an dem nicht ganz homogenen Dampfstrahl vorbeirotieren.

Heimann: Wir sind bereit, eine Röhre zu bauen, so gut wir können: Wäre ein Institut in der Lage, die Röhre auf ihre Gleichmäßigkeit zu prüfen? Uns fehlen die Leute dafür. Ich glaube aber, daß wir durch eine solche Arbeitsteilung weiterkommen könnten.

Siedentopf: Wenn dazu keine weiteren Bemerkungen zu machen sind, so kommen wir jetzt zum nächsten Punkt der Diskussion. Liegen irgendwelche Erfahrungen über die Abhängigkeit der thermischen Emission vom Ort auf der Photokathode vor?

Behr: Die thermische Emission sollte im wesentlichen nur von der Austrittsarbeit abhängen und daher konform mit $E(x, y)$ gehen.

Heimann: Das ist nur im Prinzip richtig, leider nicht in der Praxis. Wir haben am Ende des Krieges Hunderte von Infrarot-Bildwandlerröhren durchgemessen und bei gleicher Empfindlichkeit Schwankungen der thermischen Emission um den Faktor 100 beobachtet. Auch jetzt zeigen sich bei Caesium-Antimon-Kathoden annähernd gleicher Empfindlichkeit sehr große Unterschiede des thermischen Untergrundes.

Labs: Bei der elektronenoptischen Abbildung der Photokathode wird aber für jeden Stern nur ein sehr kleiner Teil des thermischen Dunkelstromes wirksam. Bei Blauzellen ist der Untergrund sowieso geringer als bei Infrarotzellen, außerdem kann man ja durch Kühlung weiterkommen.

Heimann: Ich habe in letzter Zeit einige Blauzellen gebaut, leider sieht man auch da bei 20 kV schon mit bloßem Auge den

Untergrund. Die thermische Emission stellt überhaupt die Grenze der Nachweisbarkeit bei dem ganzen Verfahren dar. Wie weit man mit Kühlung weiterkommen kann, haben wir allerdings noch nicht versucht.

Siedentopf: Wenn man mit der Beschleunigungsspannung zu hoch geht, werden auch Elektronen durch Feldemission aus der Schicht herausgezogen. Das setzt eine obere Grenze für die Beschleunigungsspannung.

N. N.: Bei lichtstarken Instrumenten dürfte aber doch der Himmelshintergrund noch mehr stören als das thermische Rauschen. Andererseits habe ich bei ihnen, Herr Prof. HEIMANN, gesehen, daß die Bildwandler, wenn man sie quält (mit hoher Beschleunigungsspannung betreibt), im Dunkeln sehr gleichmäßig leuchten, so daß e_{th} sicher nicht sehr stark von x und y abhängt. Man muß sich natürlich besonders gute Röhren heraussuchen.

Heimann: Zur thermischen Emission kommen noch Störeffekte hinzu, die durch Photoemission von Streulicht an anderen Stellen der Röhre, nicht an der Photokathode hervorgerufen werden.

Schroeter: Kann man nicht ganz prinzipiell für die Lösung dieser astronomischen Aufgabe auch noch andere Effekte als den inneren oder äußeren lichtelektrischen Effekt, den Umsatz des Sternenlichtes in freie Elektronen, heranziehen? Ich denke an eine Punktabtastung mit Molekularverstärkern. Der Molekularverstärker beruht ja darauf, daß wir durch Einstrahlung einer bestimmten Frequenz in einem Kristall obere Energiezustände anhäufen, die Elektronen auf diesem Niveau durch Abkühlung konservieren (dazu braucht man heute allerdings die Temperatur des flüssigen Heliums) und sie dann durch Einstrahlung einer anderen Frequenz auf ein Zwischenniveau zurückfallen lassen. Dadurch bekommt man eine völlig rauschfreie Verstärkung allerdings bei sehr kleiner Bandbreite. Man kann auf diese Weise extrem kleine Energiemengen nachweisen. Man benutzt dazu die seltenen Erden mit ihren außerordentlich scharfen Spektrallinien. Man sollte von seiten der Astronomen einmal untersuchen, ob sich nicht ein Strahlungsempfänger erfinden ließe, der diese kleinen thermischen Energiemengen in der Nähe des absoluten Nullpunktes, wo die spezifischen Wärmen ja sehr klein sind, nachweisen kann.

Siedentopf: Vielen Dank für diesen wertvollen Hinweis. Auf dem Maser beruht auch weitgehend die zukünftige Entwicklung der Radioastronomie, denn der Maser ist ja zunächst für kurz-wellige Radio-Strahlung entwickelt worden.

Schroeter: Ich dachte daran, die optische Strahlung nur zur Temperaturerhöhung in einem Kristall zu benützen, um dadurch den Maser sozusagen inaktiv zu machen (Temperaturabhängigkeit der Besetzungswahrscheinlichkeit des obersten Niveaus).

Siedentopf: Das Licht dient dann gewissermaßen als Steuer-gitter des Masers. Es gibt ja auch in der Photographie einen ähn-lichen Effekt, den Herschel-Effekt, wo man eine Belichtung durch Einstrahlung langwelligen Lichtes wieder rückgängig macht.

Schroeter: Ja, aber es ist wohl ein sehr kühner Vorschlag.

Bahner: Ich sehe nicht ganz ein, daß noch sehr viel zu ge-winnen sein könnte, bei guten Photokathoden haben wir schon eine Quantenausbeute von 25 %, es bliebe allenfalls noch ein Faktor 4 zu gewinnen. Das Rauschen ist heute schon weitgehend durch die Photonenstatistik bestimmt.

Siedentopf: Wir haben heute in den Photomultipliern Caesium-Antimon-Photokathoden mit einer Quantenausbeute von 10 %. Eine Quantenausbeute bis zu 40 %, wie sie die besten Multi-Alkali-Photokathoden aufweisen, würde demgegenüber einen Gewinn von 1,5 astronomischen Größenklassen bedeuten. Ist damit zu rechnen, daß diese Photokathoden in den nächsten Jahren in die Praxis eingeführt werden können?

Heimann: In Amerika bringt die RCA heute schon die Super-Orthikons mit diesen Schichten heraus, und in Deutschland werden wir wohl auch demnächst soweit sein.

Siedentopf: Wie groß ist die Lebensdauer der Fernsehröhren, bis die Quantenausbeute merklich heruntergeht?

Pilz: Die Lebensdauer der Photokathode ist im allgemeinen größer als die Lebensdauer der anderen Bauelemente einer Bild-speicherröhre. Bei den Super-Orthikons erleidet vor allem die Speicherplatte Veränderungen, die die mittlere Lebensdauer der Röhre auf 600 bis 700 Betriebsstunden begrenzen. Innerhalb dieser Zeit sind Empfindlichkeitsverluste der Photoschicht nicht feststell-bar.

Theile: Das C.P.S.-Emitron gibt es heute ebenfalls mit Multi-Alkali-Photokathode (eine abgewandelte CsSb-Kathode mit K und

Na neben Cs). Wir haben solche Schichten gemessen und Empfindlichkeitswerte von 200 μA/Lumen bestätigt. Diese Photokathoden sind also aus dem Laborstadium heraus, sonst gäbe es sie nicht in zwei konventionellen, technischen Röhren.

Siedentopf: Damit können wir diesen Teil unserer Diskussion wohl abschließen und uns nunmehr der Frage der Abbildung von der Photokathode auf den Speicher und den dabei auftretenden Verzerrungen zuwenden. Es gibt ja verschiedene Abbildungssysteme, einmal die elektrostatischen, wie sie LALLEMAND und ähnlich auch HILTNER verwenden, während in den technischen Bildwandlern und Bildröhren allgemein die magnetische Abbildung benutzt wird. Unsere Frage geht nun dahin: Wie ist die Güte dieser Abbildung, und mit welchen Verzerrungen muß man rechnen?

Heimann: Bei der elektrostatischen Abbildung muß man vor allem mit der kissenförmigen Verzeichnung rechnen, die sich nie ganz vermeiden läßt, außer wenn man nur sehr kleine Bereiche der Kathodenfläche ausnützt. Die magnetische Abbildung ist wesentlich verzeichnungsfreier.

Schroeter: Es gibt aber noch eine ganze Reihe von Entzerrungsmitteln. Die Entzerrung des Kissens bei der elektrostatischen Abbildung ist ja so möglich, daß man in die Schirmebene eine Reihe von derart verteilten Elektromagneten bringt, daß sie entzerrend wirken. Auf diese Weise haben wir eine ganz saubere Reproduktion eines Rechteckrasters auf der Photokathode bekommen. Die elektrostatischen Systeme haben natürlich etwas größere Öffnungsfehler. Ein weiterer Fehler ist die Bildfeldwölbung, aber alle diese Fehler lassen sich korrigieren, z. B. durch Nachbeschleunigung. Die Auflösung, die wir vor einiger Zeit bei Versuchen erreicht haben, lag in der Größenordnung 2000 Zeilen auf 12 cm.

Siedentopf: Das wäre eine Auflösung von 60 μ.

Heimann: Als Auflösung eines Bildwandlers haben wir im günstigsten Falle 10 μ (in der Ausdrucksweise der Fernsehtechnik) erreicht, das bedeutet optisch etwa 20 μ.

Schroeter: Herr v. ARDENNE betreibt seinen neuen Elektronenstrahloszillographen hoher Schreibgeschwindigkeit sogar mit einer Fleckgröße von nur 2 μ!

Dachs: Ich möchte nach der Erwähnung der Hiltnerschen Zelle noch auf einen Bildverstärker hinweisen, der demgegenüber eine

weitere Verbesserung darstellt. Es handelt sich um einen Photo-
multiplier mit Abbildungseigenschaften, der nicht nur einen Strom,
sondern ein Bild verstärkt, und der von STERNGLASS in den Westinghouse-Laboratorien entwickelt wurde. Auf eine Caesium-Antimon-
Photokathode folgen sechs parallel mit einem Durchmesser von
1 Zoll frei gespannte Sekundäremissionsfolien. Die ausgelösten
Elektronen werden von Folie zu Folie mit 3 kV beschleunigt und
jeweils magnetisch fokussiert. Am Ende folgt ein Leuchtschirm,
die Gesamtverstärkung ist etwa 1000fach, die Auflösung soll jetzt
(Herr STERNGLASS war neulich in Tübingen) etwa 30 Zeilen/mm
betragen.

Heimann: 30 Zeilen/mm glaube ich nicht. Die zu geringe Auflösung ist der wunde Punkt dieses Bildverstärkers.

Theile: Einfach und fehlerfrei ist immer eine 1:1-Abbildung
in einem homogenen Magnetfeld zu erreichen. Der Fehler läßt sich
jedenfalls unter 1 % halten.

Pilz: Bei unseren Bildröhren werden aus konstruktiven Gründen
auch Randgebiete des Magnetfeldes mit benützt, die nicht mehr
homogen sind; man erreicht aber durch geeignete Bildfehlerkom-
pensation, daß auch in diesen Randgebieten die Verzeichnungen
unter 1 % der Bildhöhe bleiben.

Siedentopf: Damit können wir also annehmen, daß bei der Abbildung vom lichtelektrischen Wandler auf den Speicher keine
wesentlichen neuen Fehler auftreten, die die astronomischen Anwendungen stören würden. Damit kommen wir zum Speicher
selbst. Ich würde vorschlagen, daß wir zunächst über die maximal
erreichbare Speicherzeit sprechen, weil das der für die astronomische
Anwendung wesentliche Punkt ist, und dann die Frage der Nachbar-
effekte diskutieren, während die Frage des Gedächtnisses der
Speichervorrichtungen wohl zum Problem der Speicherzeit gehört.

Theile: Wenn man auf die Speicherplatte eines Super-Ikono-
skops eine Ladung aufbringt und dann die Spannungen abschaltet,
so hält sie sich dort viele Stunden. Die Isolation der präparierten
Glimmerfolie im Vakuum ist also sehr gut.

Pilz: Bei einer Sichtspeicherröhre hielt sich die aufgebrachte
Ladung unverändert, nachdem sie vor Weihnachten aufgebracht
war, bis nach den Feiertagen, also etwa eine Woche.

Siedentopf: Hier handelt es sich aber mehr um die Frage, wie lange Zeit man im Betrieb Elektronen auf die Speicherplatte aufbringen kann, um die Ladung aufzubauen.

Kühn: Beim Super-Orthikon zerfließt das Bild, wenn man länger als 1 sec Elektronen auf der Speicherplatte sammelt. Etwas besser war es beim Vidicon, aber auch nicht wesentlich besser.

Heimann: Bei all diesen Fernsehröhren sind die Speicherkapazitäten so bemessen, daß wir in einer bestimmten Aufladezeit eine bestimmte Aufladespannung erreichen.

Theile: Das Super-Orthikon, das Herr KÜHN verwendet hat, ist wenig geeignet für lange Speicherzeiten, denn die Speicherfolie hat eine Leitfähigkeit, die so bemessen ist, daß das Bild nur $^{1}/_{25}$ sec gespeichert wird. Man müßte für Ihre Zwecke eine spezielle Speicherröhre mit einer gut isolierenden Speicherfolie bauen. Grundsätzlich ist die Integrationszeit beliebig groß, doch ist es natürlich wegen des Zerfließens der Ladungen und wegen der Ionen im Vakuum (deswegen hält sich die Ladung auch auf hochisolierenden Folien nur, wenn man alle Spannungen abschaltet) sinnlos, zu lange zu speichern. Man muß auch die Speicherkapazitäten an die vorhandene Lichtintensität anpassen; es ist für die Auswertung zweckmäßig, mit Aufladespannungen von einigen Volt an den hellsten Stellen zu arbeiten.

Schroeter: Ich entsinne mich, daß Herr THEILE vor vielen Jahren die Speicherung auf einem Magnesiumoxydschirm in einem Super-Ikonoskop vorführte. Die Ladung wurde aufgebracht, über mehrere Minuten stehengelassen und dann abgetastet, wobei das Bild erst nach mehreren Abtastungen allmählich verblaßte. Es gibt aber noch eine andere Grenze für die Speichermöglichkeit, die im allgemeinen mehr unbewußt bei der Gestaltung der Elektroden von Speicherröhren berücksichtigt wird, das ist der sog. koplanare Gitter-Effekt oder coplanar bias, die Sperrwirkung für zu langsame Elektronen infolge der Verbiegung der Potentiallinien vor der mit Potentialunterschieden behafteten Speicherplatte. Dadurch können unter Umständen kleine Einzelheiten des gespeicherten Bildes verlorengehen. Durch diesen Effekt wird besonders bei der Knollschen Röhre die Auflösung begrenzt.

Siedentopf: Das bedeutet, daß unsere Nachbarschaftsfunktion $g(\Delta\xi, \Delta\eta)$ in Wirklichkeit noch von der Intensitätsverteilung e^* abhängt.

Schroeter: Man könnte auch eine Bildspeicherung auf folgende Weise versuchen: Man bringt eine z.B. durch Koronaentladung auf sehr hohe Spannung (einige 1000 V) gebrachte hochisolierende Folie in Kontakt mit einer Zinkoxydschicht und belichtet diese dann minutenlang oder länger mit dem zu speichernden Bilde. Zinkoxyd isoliert an den unbelichteten Stellen ja ganz vorzüglich. Man könnte so lange speichern, bis die Querleitfähigkeit das aufgebaute Bild wieder zu zerstören droht, und dann die stehengebliebene Ladung mit einem Kathodenstrahl abtasten. Dadurch könnte man mit größeren Potentialunterschieden arbeiten.

Theile: Bei uns hat es sich gezeigt, daß der koplanare Gitter-Effekt beim C.P.S.-Emitron (d.h. beim normalen Orthikon) bis zu Aufladespannungen von etwa 2 bis 3 V praktisch keine Rolle spielt; es arbeitet streng linear. Wesentlich höhere Potentialunterschiede sind aus anderen Gründen ohnehin nicht zweckmäßig.

Siedentopf: Wie groß ist die Unschärfe, d.h., wieweit läßt sich etwa ein Doppelstern auf der Speicherplatte trennen, wenn der Durchmesser des Sternbildes etwa 50 μ beträgt?

Theile: Die Auflösung hängt von der Plattenkapazität ab. In der Superorthikon-Fernsehkamera arbeitet man mit Speicherkapazitäten von einigen 100 pF; da Sie aus Genauigkeitsgründen mit Aufladungen von mehreren 10000 Elektronen arbeiten wollen, käme man auf eine Kapazität von der Größenordnung 1000 pF. Die Auflösung kann dann 600 bis 1000 Elemente pro Bilddurchmesser erreichen. Diese Auflösung wird natürlich durch sehr lange Speicherzeiten wieder verschlechtert.

Siedentopf: 600 bis 1000 Elemente wären bei 30 mm Bilddurchmesser 50 μ bis 30 μ. Wenn wir nun die pro Bild auf der Speicherplatte gespeicherten Elektronenladungen gegen die Aufladespannung auftragen, so bekommen wir wohl zunächst durch thermische Elektronen und das Nachthimmelsleuchten einen gewissen Untergrund, dann einen Schwellenwert, einen linearen Anstieg und schließlich in der Nähe von 2 V Aufladespannung Sättigung.

Theile: Der untere Schwellenwert ist bei uns nicht so ausgeprägt wie in der Photographie. Der lineare Anstieg beginnt bei Null.

Siedentopf: Welche Helligkeitsunterschiede von Sternen lassen sich auf der Speicherplatte messend überbrücken? Die thermische

Emission der Photokathode betrug 1000 Elektronen pro cm² und sec, dürfte also für die kleine Fläche eines Sternbildchens von 10^{-4} bis 10^{-5} cm² keine große Rolle spielen. Bei der Photoplatte brauchen wir etwa 10^5 Lichtquanten, um ein brauchbares Sternbildchen zu erreichen. Wenn wir mit einer Speicherplatte dasselbe erzielen wollen, so muß bei einer Quantenausbeute von 10% die Empfindlichkeitsschwelle etwa bei 10^4 Elektronen pro Sternbild liegen. Kann man erreichen, daß die Sättigungsaufladung dann über 10^6 Elektronen pro Sternbild liegt (bei Speicherzeiten von 1000 sec), so daß man fünf Größenklassen überbrücken könnte? Wenn man mit der Speicherung einen Vorteil gegenüber der Photographie erzielen wollte, müßten diese Werte etwa bei 10^3 und 10^5 Elektronen pro Bild liegen; dann wären wir um eine Zehnerpotenz empfindlicher als die photographische Platte.

Theile: Bei den empfindlichsten Fernsehröhren brauchen wir nur 4000 Elektronen pro Bildelement an der hellsten Stelle, allerdings haben wir da auch starke Nachbarschaftseffekte. 10^5 Elektronen pro Bild an der hellsten Stelle und ein Störabstand von mehr als 100:1 lassen sich leicht schaffen. Die Auswertung dürfte überdies dann sogar ohne Verwendung eines Multipliers möglich sein, wenn man nur eine Bandbreite von kleiner als schätzungsweise 100 kHz verwendet. Leider dürfte die Homogenität der Speicherplatten im Super-Ikonoskop über Flächen von mehreren cm² doch heute noch etwas schlechter als 5% sein.

Heimann: Mit Berylliumoxyd-Schichten müßte man 5% erreichen können.

Theile: Man könnte auch eine Spezialröhre konstruieren, bei der Photo- und Speicherzeit vereinigt sind, die Aufladung geschieht unmittelbar durch die Photoemission. Die Konstruktion wäre schwieriger, man hätte aber weniger Fehlerquellen.

N. N.: Nach alledem scheint mir aber die photographische Platte, wie sie von LALLEMAND und beim Hiltnerschen Verfahren verwendet wird, doch fast das einfachste und beste zu sein.

Siedentopf: Bei den Verfahren von LALLEMAND und HILTNER, die wir jetzt nicht weiter zu behandeln brauchen, ist unsere Information schließlich auf der Photoplatte gespeichert, die wir nach der Entwicklung in den Schrank stellen können. Was wir jetzt noch zu diskutieren haben, bezieht sich auf Speicherröhren, bei denen wir den im Vakuum befindlichen Speicher ablesen müssen.

Hier wäre also die Frage zu stellen, welche Verluste an Information bei der elektrischen Ablesung des Speichers im Vergleich zum Lallemand-Verfahren mit der Speicherung auf der Photoplatte noch auftreten können.

Theile: Bei der elektrischen Ablesung sind keine Verluste an Information zu befürchten. Wir haben ja Zeit und können die Ablesung in aller Ruhe mit einem sehr scharf gebündelten Elektronenstrahl vornehmen, so daß die Auflösung nicht beeinträchtigt wird. Eine Ablesungsdauer von einigen Sekunden ist für uns ja schon langsam. Wir haben gegenüber der Photoplatte dabei den Vorteil, daß das Auswertungssignal streng linear, proportional der Ladung ist. Die geometrische Verzerrung bei der Ablesung läßt sich sicher ebenfalls klein halten, so daß die Ablesefehler unter 1 % liegen. Man könnte dabei auch an eine mechanische Lichtpunktabtastung denken.

Schroeter: Man kann dabei noch den Kontrast verstärken, und zwar in idealer Weise streng linear.

N. N.: Die Information, die man bei der elektrischen Ablesung bekommt, entspricht ja etwa der Information, die man erhält, wenn man eine Photoplatte in einem Irisblendenphotometer auswertet. Man könnte also die elektrische Ablesung so gestalten, daß man unmittelbar aus ihr das gewünschte Meßergebnis ablesen kann.

Siedentopf: Ja, wenn man z. B. nur die Sterne im Gesichtsfeld zählen will, so braucht man nur die bei der Ablesung anfallenden elektrischen Impulse zu zählen. Dabei vernachlässigt man natürlich einen gewissen Teil der im Speicher enthaltenen Information, hier also z. B., wo im Gesichtsfeld die Sterne liegen. Welches Verfahren würde man wählen, um den ganzen Informationsgehalt zu speichern?

N. N.: Man kann die Impulse auf einem nachleuchtenden Oszillographenschirm geben und diesen photographieren.

Behr: Die schnellste Methode, Impulse nach Lage und Amplitude zu speichern, ist das Magnetband. Wenn man langsam genug abtastet, braucht man nicht die breiten Fernsehmagnetbänder mit sehr hoher Bandgeschwindigkeit, sondern kommt mit den normalen Tonfrequenz-Magnetbändern aus.

N. N.: Wenn man die Auflösung hochtreibt, so wird ein Stern mehrere Zeilenbreiten auf dem Speicher überdecken und somit mehrere Impulszacken auf dem Magnetband geben. Wie läßt sich das eliminieren?

Siedentopf: Darüber haben wir schon Überlegungen angestellt. Im Tübinger Astronomischen Institut wird zur Zeit eine Untersuchung über Sternzählung auf Photoplatten mit Hilfe von Lichtpunktlinienabtastung durchgeführt. Man muß das Verhältnis Sterndurchmesser zu Zeilenbreite in geeigneter Weise festlegen und dann noch gewisse Korrekturen des Zählergebnisses einführen.

Theile: Man darf aber nicht die Leistungsfähigkeit der Speicherröhren überfordern und sollte nicht mehr als 500 Zeilen pro Bildbreite verwenden.

Siedentopf: 500 Zeilen dürften für unsere Anwendung aber auch nötig sein. Das bedeutet insgesamt 250000 Bildpunkte; nun brauchen wir eine sehr starke Redundanz, sagen wir etwa 0,2 %, um den Effekt der mehrfach überdeckten Sternbilder möglichst auszuschalten; d.h. nur $^1/_{500}$ der Bildelemente ist mit Sternen besetzt, wir haben etwa 500 Sterne im Gesichtsfeld. Das wäre etwa die zweckmäßig zu wählende Größenordnung.

Theile: Es gibt aber auch noch eine andere Möglichkeit. Man könnte zunächst mit geringer Zeilenzahl ein Übersichtsbild des ganzen Gesichtsfeldes gewinnen und dann ein kleineres, besonders interessantes Gebiet mit höherer Auflösung stärker herausvergrößern.

Kühn: Vielleicht ergeben sich auch noch neue Möglichkeiten der Sternphotometrie, indem man ein ganzes Sternfeld speichert und dann einzelne interessante Sterne durch Einstellung der Sonde auf den Speicher einzeln photometriert. Das ist einfacher, als die Sterne einzeln durch Einstellung des Fernrohrs zu photometrieren.

N. N.: Man kann den Speicherinhalt auch statt auf ein Magnetband zweidimensional auf eine Magnetplatte übertragen.

Theile: Solche Magnetblätter gibt es; die Aufzeichnung erfolgt, während man das Blatt rotieren läßt. Man kann die Platte auch mit einer Lösung behandeln, die an den Stellen hängenbleibt, an denen die Elementarmagnete ausgerichtet sind, ohne daß ihre Orientierung dadurch gestört würde. Auf diese Weise läßt sich das Bild optisch sichtbar machen und außerdem das Blatt hinterher auch jederzeit wieder ablesen. Die magnetische Aufzeichnung dürfte heute tatsächlich die linearste und sauberste sein. Jedenfalls werden die Nichtlinearitäten der Photoplatte vermieden. Mit einem Magnetbandgerät mit 76 cm/sec Bandgeschwindigkeit kann man Maximalfrequenzen bis zu einigen 10^4 Hz aufzeichnen, d.h. das ganze Bild in einigen Sekunden erhalten.

N. N.: Man könnte auch gleichzeitig mit der Abtastung auf dem Magnetband ein Programm aufzeichnen und das Magnetband nachher in eine elektronische Rechenmaschine laufen lassen, die gleich die genäherten Helligkeiten berechnet.

Elsässer: Wenn man die Impulse, die kleiner sind als eine bestimmte Schwellenamplitude, diskriminiert, so erhält man eine Zählung mit gleichzeitiger Sortierung von Helligkeitsintervallen (Größenklassen). Andererseits könnte man auch bei der Photometrie von Spiralnebeln mit ihrer ausgedehnten Helligkeitsverteilung den dann auftretenden ziemlich breiten, irregulär geformten Impuls in einen Rechteckimpuls umwandeln und kann auf diese Weise dasselbe erreichen, wie es z.B. am Mt. Palomar durch ein Schraffierverfahren erreicht wird. Auf diese Weise ließe sich die Integralhelligkeit von Spiralnebeln sehr leicht messen.

Dachs: Es sind Messungen bekannt, nach denen die Amplitudenwiedergabe an verschiedenen Stellen eines Magnetbandes nur auf $\pm 5\%$ reproduzierbar ist. Demnach kämen bei der Ablesung des Speichers auf ein Magnetband doch noch einmal ziemlich erhebliche Fehler in die Messungen herein.

Theile: Das ist möglich; auf alle Fälle ist aber die Signalwiedergabe auf dem Magnetband im Gegensatz zur Photoplatte streng linear mindestens in einem Bereich 1:100, sonst hätte man einen erheblichen Klirrfaktor bei der Musikwiedergabe.

Behr: Wenn man solche Fehler vermeiden wollte, müßte man die Intensitäten vorher in Frequenzen umwandeln.

Labs: Man kann auch die an gleichen Stellen auf zwei Platten gespeicherten Signale voneinander subtrahieren. Vielleicht könnte man auch etwas mit dem 2. Differentialquotienten anfangen, den wir gestern als Nachtaufnahme gesehen haben. Auf ähnliche Weise kann man ja durch Vergleich zweier Platten veränderliche Sterne feststellen.

Siedentopf: Es gibt sicher viele verschiedenartige Möglichkeiten der Auswertung. Man könnte z.B. auch durch elektronische Abtastung von Sternspektren und Vergleich mit einem Normspektrum alle Sterne bestimmter Spektraltypen heraussuchen.

Theile: Auch das ist ein Pluspunkt des Fernsehens; man kann solche Vergleiche, Differentiationen, Kontrastversteilerungen, Aussortierungen vornehmen; das kann man nicht, wenn man gleich auf der Photoplatte speichert.

Heimann: Nach allem scheint mir das McGeesche Verfahren am aussichtsreichsten. Ich möchte also meinen Vorschlag wiederholen: Ich bin bereit, eine solche Röhre zu bauen, und man sollte dann das Verfahren praktisch erproben.

Siedentopf: Sicher können an elektronisch gut eingerichteten Sternwarten einige Meßaufgaben durchgeführt werden, zu denen die Fernsehlaboratorien nicht kommen, wie die Untersuchung der Gleichmäßigkeit der Schichten, der Größe der thermischen Emission, der bei der Speicherung auftretenden Fehler.

Schroeter: Wir müssen Prof. HEIMANN außerordentlich dankbar sein für seine Bereitwilligkeit, seine Mittel und seine Erfahrung im Bau von Röhren aller Art hier zur Verfügung zu stellen, denn leider sind die großen Industrielaboratorien heute mit Aufgaben derart überlastet, daß die dort vorhandenen Entwicklungskapazitäten nicht ausreichen und solche an sich wichtigen Fragen oft überhaupt nicht mehr bearbeitet werden können. Herr HEIMANN ist die einzige Stelle, die ich kenne, die bereit und nach der Art seines Betriebs und dem Umfang seiner Erfahrungen in der Lage ist, auf solche Spezialwünsche einzugehen.